挖痛奪單

成交不是沒有辦法！

FABE 模式 × SPIN 提問

臧其超 著

「銷售」不是隨便誰都可以做，
所以你也不該用一般的思維來銷售！

怎麼解鎖客戶的購買契機？

銷售有時候不能陪笑臉，還得使用「苦肉計」？
當你真正知道顧客需要什麼、他的期望是什麼，才能真正把東西推銷出去！

—— 挖到「痛點」，才有賣點！

目錄

目錄

前言

什麼是銷售？對於很多從事銷售工作的人們來說，這個問題再簡單不過了，銷售不就是把產品或服務賣出去嗎？在我看來，這只是停留在最基本的理解層面，從更高層次的角度來說，銷售實質上是販賣愛！

為什麼會這麼說呢？當銷售人員抱著販賣產品的心態去做銷售，很容易成為產品的推銷員或解說員，一頭熱地推銷產品，拚命地說自己產品如何如何好，卻不知道對方想要什麼，更不會考慮如何去幫助客戶。當你帶著愛來銷售產品的時候，你就會想方設法地符合客戶的需求，與客戶建立良好的信賴感，用產品或服務實實在在地幫助客戶。

為什麼銷售人員覺得產品難賣？因為他們始終不認為自己的銷售方式出了問題，而怪公司的產品太差，公司的行銷方案沒有做好；

為什麼銷售人員害怕見客戶，見到了客戶也不知道說什麼？因為他們不會與客戶建立信賴感，不善於發展關係，不能與客戶打成一片；

為什麼同樣的產品，同一類型的客戶，有的銷售人員能把產品賣得很好，有的卻賣不動？因為他們不善於觀察，不會找出客戶隱性的需求；

為什麼銷售人員與客戶建立關係了，卻始終賣不出產品？因為他們不善於成交，不敢要求，不敢堅定自己的產品確實能為客戶帶來幫助的信念。

銷售實際上就是抓住 4 個關鍵詞：信賴感、需求、產品展示和成交。

為什麼需要建立信賴感？信賴感是銷售人員與客戶建立連繫、產生信任的基礎。為什麼我們說「賣熟不賣生」？因為客戶喜歡「買熟不買生」。客戶信任你，一旦客戶真的有需要，當然首先會考慮你的產品。所以，我們要和客戶建立好關係，經常互動。有關係利用關係，沒有關係便創造關係。

銷售人員要經營自己，樹立權威感和專業度，塑造良好形象，這是建立信賴感的基礎。

為什麼要分析、發掘客戶需求？世界上產品成千上萬，客戶之所以會買你的產品，是因為你的產品對客戶有價值。銷售是一種價值的交換，而這種價值就來自客戶的需求。

客戶的需求有顯性的，也有隱性的。我們透過收集相關資訊，進行對比分析，最多也只能掌握客戶的顯性需求。當然，這也是我們前期需要做好的基礎工作。但是隱藏在客戶內心的隱性需求，往往在客戶做購買決策時發揮著主導作用，因此銷售人員要善於透過溝通、提問，發掘客戶的隱性需求。

善於觀察可以從某種程度上發掘客戶更深層次的需求，激發客戶購買產品的欲望。當客戶的需求被激發，購買產品需求的欲

望大大超過不想花錢的欲望時，產品銷售就會變得水到渠成。

為什麼要把產品的獨特賣點展示給客戶？因為銷售人員要讓客戶看到好處，用產品實現客戶價值的連接，用產品的獨特賣點滿足客戶超越期望值的需求。

市場競爭的白熱化，豐富多樣的產品，給客戶更多的選擇；我們只有用產品的獨特賣點才能吸引住客戶，打敗競爭對手，順利實現既定目標。

成交不用多說，永遠是銷售工作的核心；勇於要求，勇於成交，這是銷售人員必備的素養。當銷售人員帶著愛來幫助客戶，帶著愛與客戶成交的時候，銷售成交就會變得偉大而神聖。

沒有不好的產品，只有不會賣產品的人！

相信那些正通往銷售成功大道上的人們看完本書後，會更加堅定自己內心的想法，成功沒有什麼不可能！

第1章
有備而來，銷售人員要修練自我

銷售工作是一件非常具有挑戰性的工作，它並不像其他工作，做了就會有結果。因此銷售人員必須具備良好的心理特質。同時，銷售工作又是一項最有前途的工作，因為發展空間無限，可以讓你迅速地累積人脈、資源和財富。想做好這份工作，應先學會愛上這份工作，不斷提升自我。

從事銷售，先從喜歡銷售工作開始

　　當一個人喜歡上自己的工作時，就會釋放超強的力量，體能也會變得超強，完全沒有疲勞的感覺，每天精力無限。拿我來說，我每天講課很投入，很有熱情，無數人問我：「臧老師，你累不累啊？」我說：「我一點也不覺得累。」為什麼會這樣，因為我做著自己喜歡做的事情。

　　當一個人做著自己喜歡做的事情後，精力無限，動力無限，每天瘋狂地工作。對於他而言，工作都不叫工作，加班也不叫加班，那叫享受人生。因為喜歡，所以動力無限。

　　當一個人喜歡上一件事，他的一生，就和這份事業融為了一體，無法分開，工作就是他的生活，生活就是他的工作；當一個人喜歡上銷售這份工作時，銷售就是他的人生，他的人生就是在銷售。一個人一旦達到這種狀態，再也不會有疲勞和累的感覺了。

　　我們可能會遇到這樣一種人，白天工作他在想，這個客戶該如何開發。坐在公車上回家時也在想，應該怎麼和這個客戶交流，明天那個客戶應該怎麼談，後天的方案該怎麼做，價格應該怎麼報；下一次，該怎麼談，後天見誰，大後天見誰。回到家，還在思考，一邊洗菜一邊想，菜都炒糊了，還在想怎麼完成這個月的銷售目標。

　　當一個人愛上一件事的時候，內心會煥發出一種無比炙熱的

力量，這是用任何金錢都買不到的。不僅僅是時間問題，不僅僅體現在願意加班工作，而是喜歡，工作效率就不一樣了。

舉例來說，我們上大學時，平時讀書效率不高；但是到了快要考試的那幾天，讀書效率就變得超高。為什麼那幾天念書效率變得超高？因為那幾天的潛能得到激發；一旦潛能被激發，一日勝一年。

當然，也會有很多銷售人員會說，我不喜歡銷售工作怎麼辦？人都會有種特質，那就是做一行厭一行；你再喜歡的工作，做了兩三年，就做膩了。所以建議你不要考慮喜不喜歡，選好了就扎扎實實去做。因為這個時候，是最能見分曉的時候。如果你做了幾年就跳槽去做其他類型的工作，就等於要重頭開始了。十個人中有九個人會產生不喜歡的感覺。你堅持了，就會做得很好；你撐不過去，就又得重新開始。

因此，你需要做的就是，當你選定了，就堅持做，專注做，做著做著就進步了，做著做著就成長了，做著做著就有鮮花和掌聲了，做著做著就成主管了！其實當年，我也差點就不想做了，但是撐過來了，也就成功了。

人的興趣愛好分為兩種，一種是天生就喜歡，這種相當少；第二種是做著做著，在工作中找到了益處，在工作中找到價值，在工作中發現興趣愛好，做著做著就會累積這種喜歡。人生絕大多數的喜好其實是後天在工作中找到的。

也有人說，我在公司都工作了十多年了，好像也沒有達到你

說的結果，很多人工作了一輩子，還是一個銷售人員。身為銷售人員需要記住，一旦選擇就不後悔，必須要達到目標，一做 3 年變優秀，一做 5 年變菁英，一做 8 年變專家，做到 10 年 15 年，讓自己成為公司或行業中無可替代的人，因為公司一半的業績都掌握在你手中。

沒有自信先學會有自信

　　銷售人員如何征服客戶，長期來看，就用你的氣場，氣場從哪裡來？來自於你的自信。自信又從哪裡來？從長遠來看，是一個人的實力問題；從短期技巧層面來看，是從「假裝」開始的。

　　第一次上臺的老師一定會很緊張；但是，他必須鎮定，讓人感覺不到他的緊張，這個不緊張是從「假裝」開始的。

　　你第一次去拜訪客戶，會非常緊張，就得先從「假裝」開始。「假裝」自己是一個成熟的銷售人員，「假裝」自己見多識廣……人的很多自信都是從「假裝」開始的，做著做著就變成真的了。比如你第一次結婚，很多事情不可能事先彩排；所以結婚那一天，你故作鎮定，實際上你非常緊張，也很興奮。

　　老夫老妻結婚幾十年了，彼此已經沒有太大的感覺，如果想培養感覺，也得從「假裝」開始。老先生拉著老太太的手，這個時候，兒子看見了，會這樣說：「你看，我爸媽多恩愛！」孫子孫女看見了說：「你看，我爺爺奶奶多恩愛！」當所有的親朋好

友、左鄰右舍都誇老夫妻很恩愛的時候，老夫妻心中會被這種讚美的語言包圍，慢慢洋溢一種幸福的感覺。

其實老先生當初也就是無意識地去拉了一下老太太的手，內心早已經沒有什麼感覺了，但是拉著拉著就真的有感覺了。

熟練掌握產品知識是做好銷售的前提

一個人真正的自信來自自身的實力，如何才能強化自己的實力呢？我們去拜訪客戶，論年齡，客戶比我們大；論閱歷，比我們豐富；論錢，比我們多；論能力，比我們強。我們靠什麼才能比得過客戶，才能讓客戶對我們刮目相看呢？

思來想去，我們只能依靠專業知識，因為我們在這個領域工作。雖然其他方面可能都不如客戶，但是在這個領域，我們知道的就是比客戶多，我們的實力就是比客戶強。

專業知識熟練，銷售人員講話就會很自信，洋溢出一種魅力、一種定力。客戶之所以被你征服了，就是因為他感受到了你的專業，你的白信，你的熟練。其實客戶並不是被你所講的內容影響的，往往是被你說話的感覺所影響的，這就是我們所說的氣場。

多年前，一件小事發生在我的課堂上。某次授課的時候，現場4~500人，突然停電了。沒辦法，我關掉電腦，甩掉了麥克風，站在學員中間的一個桌子上，我發揮所有的能耐，把自己的

專業知識，從大腦裡面全部調出來。那一天，在沒有電的情況下，我瘋狂地講了 2 個小時，還好學員的反饋非常棒，也可能是因為沒有投影片的緣故，我發揮得更加自由一些。

這件事情讓我慢慢發現一個道理，其實學員來上課，一方面是來學習知識；另一方面，他們坐在臺下，能力並不比你差，嚴格地講，他們是身經百戰的。他們來做什麼？因為他們從來沒有對以前的經歷進行自我統整和內化，所以他們需要有這樣一個人能幫助他們統整知識庫。他們是來求證的，本來他們就知道怎麼做，但是卻不知道到底做得對不對、好不好，所以他們在課堂上，聽到老師講的和自己之前想的觀點一致，他們就認同你了，讚賞你了！還有就是講話的語氣語調一定要堅定、有力量，這樣，學員才能被你所影響，才能認同。

銷售人員對專業知識應該更熟練。我曾經帶過一個銷售人員，他說他在拜訪客戶時很受啟發。我問他是怎麼拜訪的？他說，我把公司的產品資料給客戶，客戶有時候就會問：你們公司產品的幾大優勢有沒有詳細的介紹啊？這個銷售人員就會為客戶詳細講解，然後告訴客戶，在剛才資料的第三頁第二段都有介紹產品的內容，然後這個老闆就去翻資料。看完了，接著問，有沒有哪個公司用過你們的產品？他便回答：「王總，在我給你的資料的最後一頁名單上的公司，都使用過我們公司的產品……」

他對公司的產品非常熟悉，資料沒有在他手上，也能脫口而出，並且能告知客戶相關內容在第幾頁第幾段。他說，我就是依

靠這些細微的工作慢慢影響客戶，客戶看看資料再看看我，說明他內心開始評估，在思索，內心會逐步認可我。

我也經常遇到一些反面的例子。很多銷售人員來拜訪我，我問他，你們公司有哪些優勢？第一他說不出來；第二沒有把資料給我；第三他把資料打開了翻看，找了半天還找不到。所以，很多銷售人員不知道這個單是怎麼做死的，也不知道自己是怎麼成交的，很多小細節看起來都是無意識的動作，但能看出一個銷售人員對產品知識、專業知識有沒有下工夫。一旦你對專業知識嫻熟了，你的感覺和狀態就出來了。

那麼，如何熟練掌握自己公司的產品知識、專業知識呢？

- **銷售人員必須能背得熟**。背熟很簡單，就是達到脫口而出，想怎麼講就能怎麼講，客戶問我們關於產品知識的任何問題，我們都能對答如流。關鍵時刻你無法講解，只能說明你專業知識不夠，還沒有達到用心的程度。
- **要演得熟**。就是你不僅能把這些產品知識講出來，而且能夠繪聲繪色地把產品帶來哪些好處講清楚，給對方身臨其境的感受。
- **要能用得熟練**。有些公司的產品是看不見、摸不著的無形產品，需要在客戶面前操作；如果你在客戶面前操作了半天，產品功能都展示不出來，那很危險。

銷售實際上是一種自我修練

　　從銷售層面上來看，銷售表面上是用技巧，實際上是拚關係，再往上是比做人，再往上是比心境的修練。一個剛開始做銷售工作的銷售人員，總是停留在拚技巧的層面，學習怎麼和客戶打交道，怎麼介紹產品，如何實現成交。等到做了兩三年，他發現，其實銷售拚的是一種關係。關係良好的，有人認可，業績做得好；關係不好的，也就沒什麼業績。

　　可是又過了幾年，銷售人員離開了以前的公司，到了另外一個地方工作，發現自己以前的關係發揮不了作用了。這個時候，就會慢慢體會到做人的重要。因為做人到位了，即使去新的地方，關係也很容易建立；做人到位了，關係也比較容易維持。

　　一個銷售人員做銷售十幾年了，他會發現做人也不過是個過程，其實最重要的是一種心境的修練。當一個人心境修練到一定火候了，他就不會抱怨；當一個人心境修練到一定火候，他就不會輕易產生負面情緒；當一個人心境修練到一定火候了，他就不會太急功近利；當一個人心境到一定火候了，他與人相處會如沐春風。人生其實是一個修練場。

　　從另一個層面來說，銷售表面上是用技巧，實際上是拚實力，再往上是比能量，拚氣場。實際上，當銷售人員真正做了一段時間之後才發現，原來根本就不是主管所說的那樣，說產品是絕對的好。假如你的產品品質真的不是那麼好，即使再滔滔不

絕，妙語如珠，也不能把兩成優勢的產品說成八成。

　　銷售人員做了一陣子銷售工作之後會發現，沒上場之前，可以叫自我安慰，自己給自己自信。上場之後，那是實力的較量；沒上場之前，玩一些心理技巧；上場之後，發現籌碼是關鍵。

　　買房的人去看新成屋，會發現一件事情，基地周圍彩旗飄飄，到處都是大型噴繪，大型宣傳。當你走進接待中心，紅色地毯一直鋪到門口，進去後發現，裡面金碧輝煌，裝潢時尚，非常有感覺。接待中心播放音樂，製造了一種氛圍，讓人變得感性，感性的時候更容易做出衝動的決策。

　　小夫妻去之前說只是看房，暫時不買，結果去轉了一圈，發現錢沒了，房子有了，因為其他人排隊買房，有人在付定金，有人在談貸款，每個人都擔心自己買不到這樣的好房子，受到周圍氣氛的催化，夫妻倆也去交定金了。

銷售人員要帶著愛來販賣產品

　　銷售人員除了要喜歡上自己的工作外，還必須要有使命感和責任心。銷售人員出去和客戶洽談，是不是在賣產品？我們不如換一種思維方式，實際上我們是在販賣愛。

　　多年前，法航飛機失事，當時導致 200 多人離世，聽到這個事故，讓我這個坐飛機到處跑的人特別緊張，第二天我坐飛機從大連回深圳，也不知道怎麼回事，飛機一路飛一路抖，我當時很

緊張，手腳都出汗了，飛機飛到 1 萬公尺高空，又來一個驚險動作，突然一下子掉下去，飛機上所有人都在尖叫，我當時也嚇得魂不附體，腦子一片空白，我在想，萬一平安回來，一定多買幾份保險。一會兒，飛機平穩了。我平安回到深圳，陽光依舊燦爛，我還好好地活著。可是後來，保險依然沒多買，這又是為什麼呢？

我們在分析客戶時，理論上客戶真的需要某個產品，但是人往往「好了傷疤忘了痛」，我們沒有想清楚，把事情給耽擱了，也有可能是錢沒有周轉過來，又或者是拖延的習慣。

如果客戶真的需要這個產品，卻因為某個習慣而耽擱購買，那麼身為銷售人員，怎麼能忍受客戶出現這種結果呢？如果一個人真的發生了意外，多一份保險和少一份保險區別很大。你會發現，身為保險公司的銷售人員，根本就不是在賣保險，而是在幫助別人。

假如你手上有一款產品，你發現很多功能真的比競爭對手好很多，為什麼競爭對手賣得很好，而你的產品卻賣不動，換個意思來表達，那就意味著很多客戶應該使用我們公司的產品，但是結果卻在使用競爭對手那個不太好的產品，身為一個有責任心的銷售人員，怎麼忍心讓客戶使用不好的產品呢？

銷售人員需要做的就是賣好自己的產品，把更多的愛傳遞給客戶。這樣，內心才不會恐懼，不會害怕，更不會心虛，而會一直勇往直前。

　　為什麼很多銷售人員銷售時會有緊張感，因為老想著要賺客戶的錢，想著要完成目標，同時對自己的產品不是很認同，信心不強，更沒有使命感和責任感，所以會很緊張、害怕。做銷售一定要心中有愛，帶著愛去賣產品，這樣你才會更有信心。

　　無數銷售人員販賣產品，總是拿起電話說：王先生，打擾你3分鐘……什麼叫「打擾你3分鐘」，既然你知道要打擾我3分鐘，請問你為什麼還要打過來呢？請問你知道會打擾我，為什麼還要這麼做呢？所以銷售人員這樣說，一開口就錯了。銷售人員要在心裡這樣想，我打電話給客戶，那是在傳播福音。

　　換個角度思考，假如你正在蓋房子，需要一批水泥和鋼材，需要有一家供貨商，還是三家、五家供貨商？當然是越多越好，因為越多，你越有選擇的餘地，越多，你就越有談價錢的籌碼。所以當銷售人員打電話給客戶，不管客戶知道還是不知道，需要還是不需要，都是在為客戶傳播福音。這樣想，你的心態就會不一樣。因為我愛你，所以才會打電話給你；因為我愛你，才會把這個喜訊第一時間告訴你。

　　銷售都是為了愛，帶著愛去影響所有的客戶，帶著愛去關心周圍的人，愛可以化解一切。

良好的體能才能把銷售做得長久

　　銷售人員的體能能製造一種氣場，體能好的銷售員感染力、影響力，震撼力、折服力和說服力會很強。就像老師在臺上，搬把椅子坐著講課，老師更輕鬆，但是學生很快就會睡著了。如果老師很有熱情、狀態很好地站著講課，就很容易影響學生，比較容易把知識傳遞給學生，與學生的心靈產生碰撞。

　　一個人的體能不強，那就非常麻煩，領導人都是影響力很強的人，優秀、了不起的領導人，以及偉大的人物，他們的體能都是很強的。

　　銷售是一件非常辛苦的工作，不僅需要發揮出你的聰明才智，還需要有良好的體能。不少銷售人員可能餐風露宿，奔波在樓宇之間尋找客戶。但是銷售又是一件非常有發展前景的工作，也是最能實現創業夢想的工作。選擇銷售工作，就應該具備良好的體能，因為這樣才能持久，只有這樣，才能獲得客戶的認可。

第2章
方法得當，銷售才能更輕鬆

　　銷售人員開發客戶，必須要有清晰的思路和方法，知道什麼時候該做什麼事情，知道哪些事情該做，哪些事情不該做。有人說銷售需要勤奮，當然更需要策略與方法，在開展銷售具體工作時，銷售人員必須具備以下思維方式。

銷售需要練習一種本能和習慣

　　開發陌生客戶，陌生拜訪，這是任何一家公司在培養銷售人員的過程中無法跳過的方法。銷售人員打電話給陌生客戶，一方面鍛鍊了銷售人員的膽量；另一方面鍛鍊了自己的破冰能力，能夠很快和客戶打成一片，和別人融為一體；同時具備了市場行銷意識，這種敏感度來自練習時間的累加和經驗的累積，累加到一定火候就形成一種質的變化。

　　任何人學東西，學的都是一種敏感度。所以我們在培養銷售人員的時候，同樣也需要把各種知識、技巧轉變成銷售人員的一種習慣和本能，否則學了都不管用。

　　這就好比你走進公司大門，是先邁左腳還是右腳？你可能不知道，因為走路已經變成你的本能反應。

　　銷售並不是把話說出來了，客戶就會買，也不是打電話，客戶就會過來。其實更加重要的是你打電話時有沒有掌握那種感覺，那種狀態，能夠影響客戶，最後客戶才會配合你。所以銷售技巧的學習必須反覆練習，把它練成一種本能，一種習慣。

　　做任何事情，做到最後成為了一種敏感度，做到最後成為了一種直覺。就像打籃球，手一抬球就進了，連籃框都沒看。踢足球，球門都沒看，一腳就把球踢進了。任何技能型的工作，練到最後，都是一種本能反應，一種直覺。講課講到最高境界靠的是一種語感，經商經營到最高境界靠的是商感。

　　所以，銷售人員需要鍛鍊自己的市場敏銳度，客戶見多了，就變成一種本能，這種客戶我應該怎麼和他談，這種人我該怎麼和他說。

　　銷售人員最悲哀的事情是每天都坐在家裡，這樣往往非常危險，因為只有多接觸客戶，才不至於把客戶想得很複雜，只有多接觸客戶，才能發現客戶想要什麼。

專注才能讓工作更有效率

　　除了掌握大客戶，還要學會專注。不少公司在產品很多的情況下，或者某個產品客戶群很多時，盡量做到專注。專注於某一時間去開發某一類的客戶，或者專注於某一時間主賣某一類產品。這樣，銷量才會高，業績也會自然提高。

　　有一次我在郵局講課，一位姓彭的先生對我說，你的這個方法，其實我也無意中嘗試過，我覺得效果非常好。我們知道郵局的產品很多，那他們怎麼賣產品呢？

　　他們公司的銷售人員是這樣考核的：今年一號產品要賣多少，二號產品要賣多少，三號產品要賣多少……一個銷售人員讓他賣十來種產品，他去客戶那裡，將產品逐個推銷了一遍：一號產品，不要；二號產品，不要；三號產品，也不要……他成了典型的兜售員。這就像你去超市買衣服與去專賣店買衣服的差別，很顯然，專賣店會把產品講解得更加清晰透澈。

　　彭先生對我說，他連續幾年是這個地區的銷售冠軍。他在管理銷售人員的時候是這樣做的：小劉，你不要賣其他產品了，據我對你的觀察，你對一號、二號產品比較熟悉，並且去年你這兩個產品賣得最多，你就專注賣這兩個產品。小張，雖然你進公司時間不長，但是我看了一下資料，你在上一家公司做過這樣一類的產品，比較適合向客戶推薦公司的五、六號產品，你就專注賣五、六號產品……

　　於是彭先生讓手下的銷售人員分批銷售相關產品，他的團隊業績非常棒。

　　銷售人員當中有一句話，叫「賣熟不賣生」。為什麼會這樣？因為銷售人員見到客戶，熟悉的產品他就會滔滔不絕，很輕鬆地和客戶交流。如果銷售人員對產品非常熟悉，他就會賣得很好。

　　銷售人員除了專注產品、專注客戶群，還要專注事項。我們發現，一個銷售人員早上上班，開完早會後，倒杯水，整理一下東西，打開電腦瀏覽一下新聞，查查資料，右邊跳出一個插圖動畫看一看，一會兒又看看美女，突然主管喊他，跑去辦公室聊聊天，回頭上個廁所，再倒杯水，一晃眼，一個上午的時間沒有了。

　　一個銷售人員一定要明確自己要做的事情，今天必須做什麼，千萬不要做多，一定要在前一天規劃好。今天開完早會，幾百個客戶名單就放在面前，上午一口氣將 100 個客戶名單打

完，這樣狀態比較好，整體感覺也很好，做事效率非常高，這叫專注。

今天上午計劃電訪就專注地打電話，今天下午說去拜訪客戶，就專注地去拜訪客戶，晚上用來收集資料，找名單，或者整理資料，專注做一件事情，不要分散自己的精力。

我曾經在帶銷售團隊的時候，銷售人員向我匯報一天的工作安排，說：「我今天上午要去羅湖地王大廈拜訪一個客戶，下午去南山科技園區拜訪一個客戶。」我一聽就愣住了，因為深圳是一個長條形的地區，銷售人員說的兩個地方一個在東邊，一個在西邊，銷售人員拜訪一天也就只能拜訪這兩個客戶，所以效率很低。我給他的建議是，你先在網上搜尋深圳地王大廈附近的客戶名單、連繫方式、基本情況，然後跟他們聯絡，約見拜訪，第一天就只去拜訪地王大廈以及附近的客戶。

很多時候我們可能只知道目標公司的櫃檯號碼，但是沒有老闆的電話，我們可以打電話過去：「請問是 XX 公司嗎？我想了解一下你們公司的產品，請幫我把電話轉到行銷部！」為什麼要轉到行銷部呢？因為行銷部門為了和客戶建立關係，有可能會把公司的部分資訊告訴你，這樣你就很容易取得老闆的資訊。

當你的電話被轉到行銷部門後，就和銷售人員交流一下，到了一定程度就問，你們老闆姓什麼，銷售人員可能會說，我們老闆姓郭，叫郭 XX。然後你掛斷電話又打給櫃檯：是 XX 公司嗎？幫我轉接一下你們郭老闆。當對方說不在時，就說把郭老闆

的電話告訴我，今天我喝酒，把手機弄丟了，把他的號碼告訴我
一下。不告訴我？你知道我和你們老闆什麼關係，我和他從小一
起長大，你知不知道？這個時候對方就會告訴你他們老闆的電
話了。

　　按照這樣的方法，10 分鐘，我們拿到一個老闆的電話，一個
上午 3 個小時，100 家目標公司，我們就可以拿到 30~40 家老闆
的號碼，下午再問到幾十個連繫方式，把他們的情況記錄清楚，
第二天早上吃過飯，直奔地王大廈，從上到下，從下到上，把客
戶拜訪一遍，能見的見一見，不能見的，先打聲招呼，實在不行
就送個資料，下次再過來拜訪，這樣一來，效率就很高。最怕的
就是沒有計畫，東忙一下，西忙一下，效率很低。

轉介紹能創造更穩定的業績

　　老客戶轉介紹是所有銷售高手都必須要用到的一種方法，一
個新來的銷售人員，他有 70%～ 80% 的客戶都是來自於陌生客
戶的開發，但是一個優秀的銷售人員 70%～ 80% 都是老客戶的
轉介紹。

　　要想做好老客戶的轉介紹，必須具備三個前提條件。第一個
前提條件是服務要做好。如果你的服務不好，再去找客戶要轉介
紹的名單，很顯然，對方不會給你。

第二個前提條件是不要太計較。銷售人員要求客戶幫助介紹朋友購買時，客戶有的會給，有的不會。如果客戶不轉介紹，你也不要生氣。今天你提供給這個客戶的服務很好，但是客戶並不幫你介紹，原因是多方面的。一方面可能是客戶沒有那方面的權力，或者身邊確實沒有這樣的朋友，或者是客戶比較保守內向等。

第三個前提條件是銷售人員不要因為別人如何看待我們，就改變自己做事的原則。不管客戶如何對待你，你都要發自內心地關愛每一個客戶，發自內心地服務好他們，不管是對誰服務，都是最大的回報。也許今天客戶沒幫你介紹，但是在某一個場合或者關鍵時刻，客戶會為你說好話，帶來的價值可能比轉介紹更大。

今天客戶不幫你介紹，明天可能會；今年不幫你轉介紹，說不定明年會幫你；這個十年不為你轉介紹，搞不好下個十年會替你轉介紹……總之，你必須要帶著這樣的心態，銷售才能做得好。

那麼到底如何做轉介紹呢？一般來說，要求客戶做轉介紹，我們一般會請客戶吃飯，或者送送小禮物。當我們去拜訪客戶的時候，和客戶聊天，技巧也很重要。

銷售人員說：「大哥，小弟最近壓力很大啊！」對方會問：「怎麼啦？」「主管很看重我，看樣子快升職了！」「那是好事啊！」「好事是好事，可是目標給的有點高！」一般人聽到這裡，往往

會嗅到一點別的味道，但是話已出口，木已成舟，就接著往下說：「小弟有個忙，你可要幫一幫！」

不管對方同意還是不同意，你可以接著往下說：「在你身邊的朋友，有類似需求的，幫小弟介紹兩個，實在不行，一個也可以！」要很堅定，很清晰。一般來說，對方會說沒問題，或者轉移話題。

說沒問題，那麼你就可以想怎麼問就怎麼問，甚至把對方通訊錄拿來抄都可以。如果對方轉移話題了，馬上說出一句：「我們公司產品對你沒有幫助嗎？」對方會說：「有幫助！」「真的有幫助？」「有幫助！」「那麼好的產品，應該和一些好朋友共享啊，你說呢？」他說：「那倒是！」

如果是這樣就好辦了，就可以接著要求做轉介紹。如果你真的對自己的產品沒那麼有自信，可以這樣發問：「我們公司服務好嗎？」「好啊！」「我們可是好朋友啊？」「是！」「好朋友要相互幫忙，你說呢？」「那倒是！」客戶只要一說到這裡，就已經無路可走了，這個時候，可以進入下一環。

「你的朋友是姓張呢，還是姓李呢？」這個時候，你就可以把話題引導到轉介紹的客戶上去，客戶可能會思考自己有哪些朋友可以介紹的，他會說：「王……李……哦哦，老趙有可能！」「那趙總的號碼是……」

客戶如果真的想給你號碼，就會翻手機的通訊錄，中間可能會出現空閒的時間，你千萬不要發出聲音，因為這個時候說話，

有可能把對方思路打斷,讓他找到轉移的話題。這個時候,你可以把自己的手機拿出來記錄號碼,翻到按號碼的頁面,在他面前,兩眼直勾勾地盯著:「135……」這個時候,客戶一般在低著頭尋找連絡電話。這是一種催眠式的成交方式。

很多時候,客戶會這樣說:「號碼我給你了,你和他連繫千萬不要說是我給你的啊!」一般來說,我會這樣回答:「我們的產品不好嗎?」「好!」「我對你服務不好嗎?」「好!」「我對你有強迫推銷嗎?」「沒有!」「既然他是你的好朋友,就是小弟我的好朋友,我一定會像尊重你一樣的去尊重他!再說,你還想做好事不留名?」這個時候你大事化小,嘻嘻哈哈就過去了。

你接著說:「改日幫小弟提前打個電話,或發個簡訊通報一下,我一定登門拜訪!」這個時候,你把號碼撥出去了,突然之間有人接了,你要說:「有人接了,擇日不如撞日,一不小心撥出去了,應該是趙總接了……您看,要不現在幫我介紹一下吧!」

客戶突然看到你給他的電話,血壓一下子就升高了,這個時候你要立刻幫他降血壓:「沒關係,好久沒聚聚了,今天就把趙總約出來聚聚,我請客!」這個時候,客戶拿起電話:「趙總啊,今天晚上有沒有時間啊?」當對方說沒有時間,你接著說:「問問明天或者後天?」這個時候,客戶和你會想辦法把趙總約出來。

這其中的細節我們不一定照著來,但是有一些好的原則和方法。第一,就是語氣輕鬆,這樣能為彼此留個迴旋的餘地,如果

語氣僵硬了，對方不給號碼，就會很尷尬。第二，就是語氣要清晰堅定。第三，就是給對方一些好處。

人與人之間相處，表面上是一種情感，實際上是一種價值的交換，就像上面說的，當你講到自己要升職了，對方會隱隱約約感覺到這個人將來對自己會有很大的幫助，這個時候客戶回報你的可能性就比較大。對方願不願意幫助你，關鍵在於你為對方創造的價值。

開發大客戶，讓業績突飛猛進

一個銷售人員能到一個地區生根，一定有一個非常好的方法，那就是在這個地方或這個群體裡面，有一些非常有影響力的客戶。當銷售人員拿下這些相對有影響力的客戶，對於銷售人員將來在這個地方開發客戶群將會有事半功倍的效果。

銷售人員在開發客戶的時候，應該盡量做到先開發大客戶，因為開發小客戶與開發大客戶所用的時間是差不多的，但是回報卻有很大差別。20%的客戶為我們創造80%的業績，所以，開發大客戶回報率更高。

為什麼我們的業績不能一直突飛猛進？我們把自己的客戶盤點一下，哪些是大客戶，哪些是小客戶，盡量把更多的時間花在大客戶身上。一個人的時間、精力是有限的，當你整天都在忙著處理小客戶的時候，就沒有精力去開發大客戶了。

廣結善緣，才能滾動雪球

客戶開發要學會人力協助。比如說一家保險公司銷售人員，他在這個城市中有沒有一些大客戶？如果你的朋友是賣保健品的，手裡也會有一些大客戶。但是你會發現，你的名單他不知道，他的名單你不知道，一個是做保健品的，一個是做保險的，兩個人把手中的資源一連結，就能由一變成二，這就是人力協助法。

人力協助法要求廣結善緣，多交朋友。生活中，我們看到很多銷售人員不喜歡和別人打交道，而且做事情一副高傲的樣子，這些都是銷售人員不可取的地方。

廣結善緣對銷售人員有很大的幫助。因為人與人之間是相互幫助、相互支持的。良好的人際關係可以幫助你迅速達成自己的目標。

今天在這個地方你幫助了別人，明天在另一個地方你遇到了困難，別人也會幫助你。總之，但行好事，莫問前程，廣結善緣，才能滾動雪球。

銷售人員越沒有名單，越沒有客戶的時候，越不能心急，也不要像熱鍋上的螞蟻一樣亂了方寸。越沒有資源，越應該把手頭上的客戶服務好。只要現有客戶被服務好了，他們一旦被你感動，有可能為你帶來兩個客戶；再服務好兩個客戶，就為你帶來四個客戶，四個帶來八個，八個帶來十六個……這樣慢慢往前

滾，越滾越大，到最後發現，你沒有怎麼去開發客戶，反而根本
不缺客戶。

　　我們見過不少銷售人員，一開始找不到客戶，每天很著急，
很迷茫，其實根本沒有這個必要，第一，你只需要做好手頭的事
情，把現有的客戶服務好，這樣你就慢慢找到了做銷售的感覺；
第二，你知道了如何和客戶打交道，累積了建立關係的經驗，累
積了客戶開發、服務的經驗。有了這些，你見到任何客戶都可以
很輕鬆地交流，順利實現銷售目的。

　　如果建立關係的能力、開發客戶的能力、了解需求的能力都
不到火候，你見一個就被拒絕一次，客戶見得越多，搞砸的機率
也越高。所以，銷售人員一定要把前面的基本功做紮實，不要太
浮躁，定下心來，把一件事情做到極致，從此就像滾雪球一樣，
一生二，二生四，四生八，越滾越多。

第 **3** 章
收集資訊，銷售必須有的放矢

當銷售人員鎖定一個客戶的時候，你需要針對性地去了解他，無論是打電話還是初次拜訪，都知道該說什麼，這叫知己知彼，百戰不殆，所以要收集可用的資訊，進而掌握客戶的需求。銷售人員販賣產品就是要符合客戶的需求。

資訊收集越全面，後續進行越輕鬆

　　對於效能型的銷售或者是大客戶的銷售，往往要先做功課，因為內容比較複雜，事前收集資訊的工作必須準備充分。對於銷售工作，前期工作做得越紮實，後面的工作開展就越簡單。

　　那麼到底要收集哪方面的資訊呢？第一，收集與這個專案相關的資料。比如，案子什麼時候開始，什麼時候結束，這個專案需要多長時間，投資預算是多少，客戶公司的決策狀況怎麼樣，公司經營狀況如何。

　　第二，收集客戶內部的經營資訊。你了解得越多，之後分析客戶需求，提出方案、報價的時候，心裡就越有底。比如，客戶公司的規模多大，產值多少，一年需要消耗多少產品，一年能獲得多少利潤，公司人數，做採購的是哪些人，有多少人，公司的整體效益怎樣。總之，你了解得越詳細，後面工作就越輕鬆。

　　第三，了解客戶經營的外圍資訊。什麼是外圍資訊？比如客戶在業界的排名，產業整體發展趨勢是怎樣的，以及相關的法律法規，有些政策會導致產業的動盪與變化，或者導致產業出現爆發性增長。比如房地產，政府公布的相關政策都會影響房地產的銷售。

　　第四，要了解競爭對手的狀況。包括競爭對手的優勢、劣勢，競爭對手最近的動作、未來的走向等。

　　第五，掌握競爭對手微觀上的資訊。比如兩個人競爭一個專

案，比較一下，對方給客戶的報價是多少，你的報價是多少；對方給客戶什麼承諾，你給客戶的承諾是怎樣的；對方是怎麼服務的，你是怎麼服務的。

第六，要掌握風險防範的資訊。比如賒銷的問題，你是否了解這個公司，這個公司能不能經營下去，要避免人財兩空。有的人說，如果賒銷，公司會有嚴格的審核，但是，審核的文件都有可能作假，所以銷售人員要有很強的敏感度，能夠憑藉直覺猜出這個人。比如，你邀請一個人吃飯，五次有四次遲到，你就可以猜想他還錢的速度是快還是慢。看人看什麼？第一，看習慣；第二，看個性；第三，看小事情和細節。所以你要根據公司裡裡外外的情況來評估這個客戶。

第七，就是掌握決策人的資訊。特別是最重要的決策人，越了解決策人的資訊，你拿下這個案子的可能性就越大。我們做了幾年銷售，手中會有幾個大客戶，對那些大客戶越了解，例如他們喜歡抽什麼菸，喜歡喝什麼酒，他們喜歡吃什麼菜，生日是什麼時候，他孩子的生日是什麼時候，他太太的生日是什麼時候，他有幾個小孩。這些資訊了解越多，拿下客戶的可能性就越大。特別是大案子的銷售，大型集團之間的採購，銷售人員需要收集更加詳細的資料。

我們透過什麼方法來收集這些資訊呢？第一種方式是透過網路。儘管網路收集的資訊可能沒有那麼準確，但是方便快捷，並且資訊量大。

　　第二種方式是透過客戶的同行收集資訊。隔行如隔山，不是同一個行業可能彼此不夠了解，如果是同一個行業，一般都會比較熟悉。

　　比如你和一位 A 老闆熟識，他是做房地產的，B 老闆也是做房地產的，但是你還不了解 B 老闆。搞不好 A 老闆和 B 老闆很熟悉，也有可能這兩位老闆以前在同一家公司一起共事過。行業內的大公司往往培養出不少優秀人才，並且這些人才又在這個行業另立門戶。身為一個銷售人員，應該打探消息，廣開言路，了解他們之間的關係。

　　第三種方式是了解客戶的競爭對手。每個客戶總有一個非常重要的或主要的競爭對手，透過掌握客戶競爭對手的資訊，可以有效地達成銷售。

　　我曾接過這樣一個案子，一家培訓公司的老闆打電話給我說：「臧老師，明天我們有個客戶要打電話給您，諮詢一件事，您幫忙接聽一下好嗎？」我問：「什麼事情？」 他說：「我們有一家新公司，這家公司做了一個新專案，他們招來了 100 個品學兼優的大學生，想找一位既做過銷售又上過銷售課的，而且還做過諮詢顧問的講師，把這 100 個銷售人員，透過 3 年時間進行追蹤輔導，培養 30 個銷售總監出來。」說來我還是很感興趣的，但是他說的那家公司我並不了解，特別是新專案，我更不了解。我說：「很遺憾，我不了解這家公司！」他說：「臧老師，你能不能盡力去了解一下？」我勉強答應了。

掛斷電話，我左思右想，決定打電話給 A 公司的一個朋友，因為他們公司的專案和 A 公司的專案正好是高度競爭的狀況，我就問他 xx 公司推出了一個新專案，聽說這個專案和你們某個專案在競爭，你怎麼看。結果 A 公司的朋友把這間公司點評了一番。他提出的每一條資訊恰恰都是我需要的，因為我要提供這家公司諮詢服務，需要了解這家公司的問題，了解這家公司的困難，而他反映的所有問題和困難都恰恰是我想要的。

第二天，那家公司人力資源部的員工打電話跟我聊，我一口氣和對方聊了半個多小時，把他們公司的問題一一指出，對方說：「臧老師，你比我們還了解公司啊！」後來這個專案就入選了。

當你花精力去了解客戶競爭對手的情況時，往往有很多祕密的消息是你不知道的，銷售人員透過了解客戶競爭對手的情況，能夠獲得很多有用的資訊。

第四種方式是透過業務員的同行了解資訊。六度分隔理論提出，在這個世界上，你和任何一個陌生人之間所間隔的人不會超過 6 個，也就是說，最多透過 6 個人就能夠認識一個陌生人。假如你是賣水泥的，認識一個賣鋼材的銷售人員，那麼你和這個銷售人員都有一個共同的客戶，那就是房地產開發商，或者建設公司，那麼彼此之間就可以共享很多資訊。

第五種方式是在客戶公司安插內線掌握資訊。這往往是開發或維護大客戶必須採用的一種方式，特別是和經銷商合作，需要不斷地了解經銷商的動態。

第六種方式是面談溝通，察言觀色。這是獲得資訊最重要的一環，因為資訊有很多，不管你怎麼收集，在關鍵時刻，當下對方是什麼心情，對方如何思考，這都是無法事先調查出來的。那麼到底如何在察言觀色中捕獲對方的資訊呢？人與人之間的溝通，有三個管道傳遞訊息：第一個就是語言文字；第二管道就是語音、語調、語氣；第三個就是肢體語言。這三個管道，到底哪種方式傳播更加真實，影響力最大，說服力最強？其實，這三個管道中真實性、影響力、說服性最強的是肢體語言，其次是語音、語調、語氣，最後才是語言本身。

比如某一天，你的主管把你叫到辦公室說：「你高明喔！你行啊！」聽完，你兩腿發抖，明顯有不好的預感。這句話的語意好像不錯，可是你明顯感覺到語氣有點奇怪，再看表情，好像有點不對勁，於是猜測自己有什麼事沒做好。所以人與人之間重在溝通，要學會聽出弦外之音，了解背後的意思。

就拿我們生活上來說，晚上你回家，太太很生氣：「你跑到哪裡去了？」這個時候，要看你怎麼回答了，回答的方式決定你下半夜的命運。你說：「我去上課了，老師講得不錯，我多聽了一會兒！」你如果這樣回答，可能晚上要罰跪了。如果你牙一咬，一跺腳，大聲說：「上課去了，不行啊！」對方聽了，就感覺是真話。

掌握客戶需求，進入客戶內心世界

銷售人員掌握資訊是為了更進一步掌握客戶需求，以便更加方便地提供產品或服務。

一個人為什麼願意對你敞開心扉，為什麼把自己的想法都告訴你，一定來自於兩方面：一個是對他有好處，一個是他相信你。你會發現，一個人的信念就是一個窗口，例如這是一間房子，我們一定要進入到房子裡面，才可以知道裡面的情況。可是房子的門緊鎖著，窗戶緊閉著，進不去。那怎麼辦？

一個人不會輕易將價值觀暴露出來，例如，你心儀一個女孩，她一直要找男朋友，你說她潛意識當中有沒有對男朋友的印象？一定有，她找到了那個男朋友，如果是你，這是她內心本來就想好的，剛好從你身上投射出來了，你正好符合她內在的那個投射。

如果你想和她在一起，你要找到她內在那個投射的影子是什麼樣的，之後把你自己展示給她看，她會對你產生觸電的感覺。但是她怎麼會願意把內在的想法透露給你呢？你一定要想辦法進入到女孩的世界。

很多人可能會對某件事、某個東西比較著迷，比如有人喜歡聽某個講師講課，有人喜歡收集玩具，有人痴迷電影。當人們對某件事或物痴迷時，其他外界的東西就很難進來。痴迷到一定程度，就是信念，信念達到了信賴的程度，信念就毫不動搖了。

舉例說明，想取得對方的信任，我們要先弄清楚對方習慣於走哪些路，什麼路是他們願意走的。當你了解到他走什麼路的時候，你就跟著他一起走一段，之後再帶到你的路，但前提是需要跟他走一段路。

銷售也是一樣，你要了解客戶需求，進入客戶的內心世界，掌握客戶內心的需求，所以，你必須先跟著客戶的思維走，在跟著走的過程中，將客戶的思維帶入到你的思路當中，這樣一來，迎合客戶需求就會變得更加容易。

明確對方語言，掌握客戶背後需求

聰明地使用語言，可以節省很多體力。比如，句子中明顯顯示一個價值判斷，但沒有說出這個判斷的來源。那麼找出判斷的來源，我們才能質疑說話的真實性。例如男子漢不應該哭，它有什麼判斷的來源？是說男子漢哭是一種很愚蠢的行為嗎？

男子漢不應該哭，為什麼不應該哭？這是很愚蠢的行為，什麼行為算愚蠢？這就有了一個判斷的標準。

同樣，明確對方的語言，還得學會刪減無用資訊，篩選出有價值的資訊。同樣一件事存留在大腦裡，有極多的細節。我們在說話時，只能提及極少部分的資料，我們總想用最簡單的字句去說出內心的意思，所以刪減存在於每一句話中的無用資訊。名詞不確定，主次不夠清晰，就無法說得太清楚。比如，他們想讓我

們走！主詞是誰？「他們」是誰？誰都會這麼想，「誰」是指誰？這生意可以做！什麼「生意」？這些都是主詞。不要吃太多水果？「太多」是多少？

當你與客戶進行溝通的時候，你要澄清表達的意思是什麼，避免浪費你的時間。

動詞不明確。這個模式指的是一句話中動詞所描述的行為不夠清晰。他傷害了我的自尊心，哪個是動詞？這件事很難處理，什麼叫「處理」？怎麼處理？處理到什麼程度？每個人都有不一樣的標準。他們應該「交代」一下。什麼算「交代」？坦白從寬，抗拒從嚴。什麼叫「坦白」？坦白到什麼程度算坦白？

副詞不明確。他很自私，什麼叫「自私」？他不夠積極，如何不「積極」？這件衣服難看死了，什麼叫「難看」？

簡單刪減是指句子的意思不完全，好像有一部分被刪減了，句子本身沒有說出來。如我不明白，我很不甘心，我怕……

運用下棋的技巧，我們可以追問問題的核心。他不好，他對我不好，他在家裡對我不好，他在家裡大聲喝斥我。所以你可以一層一層剝解開來。他怎麼對你不好？他在哪裡對你不好？這些東西可以發問。

語言決定模式。你其實很怕你太太，這是什麼式？猜疑式。重來，一開口便使我生氣，這是以偏概全。謙虛是美德，這是相等模式。你們為什麼要逼我？這是質問式。這樣真不像話，「不像話」是什麼意思？他那麼窮，不會欣賞這些首飾的，這是猜疑

式。很明顯我能「勝任」，勝任什麼？回到家你不馬上打電話給我，證明你不愛我了，這是相等式。

「我知道我應該冷靜，但我無法做到，因為他們總是口口聲聲說幫我，而做出的事情只會使我反感。」以上句子包含多少語言模式？我知道，我應該冷靜。應該，是能力限制。我知道我應該冷靜。這裡面有假設。但我無法做到，這也是能力限制。因為他們總是口口聲聲說幫我，他們指誰？總是以偏概全，口口聲聲又指什麼？幫我幫到什麼程度，什麼叫幫我？而做出來的事只會使我更反感。做出來什麼事？「只會」限制了「使我更反感」，「反感」是什麼意思？「更」應該跟什麼比？

就這麼一句話，可以挑出很多比較簡單的東西，進一步澄清。所以我們在跟別人溝通的時候，腦袋裡要有這些框架，就比較容易掌握語言的內涵。比如，你問他現在遇到什麼瓶頸，他回答了，之後你就開始一層層揭開，這樣就會找到客戶背後的需求。

聆聽背後需求，實現資源連結

銷售人員要學會聆聽，聆聽什麼？不是聆聽客戶說話本身，也不是聆聽客戶說什麼，而是聆聽背後的東西。我們聆聽背後兩樣東西：第一，資源；第二，需求。

那資源來自哪裡？第一個是環境，第二個是能力。而客戶的需求呢？需求來自價值與能力的差。

　　價值觀與能力之間的差就是壓力，所以我們想讓客戶產生一個購買的行為，就要把它放大，撕開，之後再把這個缺口堵上，讓客戶沒有選擇。

　　聆聽就要聆聽背後的東西，客戶有什麼資源和需求？客戶的壓力是什麼？壓力也是痛苦。所以一方面你可以製造客戶的壓力，透過發問的方式，撕裂傷口，讓客戶的壓力越來越大。所以我們可以一層一層提問，最後覺察到客戶這兩方面的資源，之後這些就成為你的資源了。

　　盡可能跟更多的人聊聊，透過聊天，你往往理解到 A 有什麼資源和痛苦；B 有什麼資源和痛苦；之後，就做一個紀錄，A 的資源剛好解決 B 的痛苦，B 的資源也能解決 A 的痛苦，但是你先不告訴他們。

　　之後，你問 B，這個痛苦多久了，一天花了多少時間在思考這個問題，未來估計還得花多少時間，如果能節省出這個時間，他願不願意？然後再問 A，這個資源已經浪費多久了，他還想沉寂多久，如果今天有一個人想幫忙，他願不願意？本來這個資源已經不值錢了，但是到這就變值錢了。之後你一連繫，錢就來了。這不就是轉錢嗎？不用賺錢，一轉，錢就來了。

　　銷售人員必須掌握更多客戶的資訊，了解客戶背後的問題或困惑，這樣才能找到幫助客戶的機會，進而獲得信任與認可。

第 4 章
公關拜訪，客戶分析是前提

　　如果一下子有四五家準客戶，在這幾個客戶當中，先開發哪個客戶，後開發哪個客戶，就需要一個評估的過程：與哪個客戶合作的可能性比較大，與哪個客戶合作能帶來更多的收益。

銷售人員要學會先吃「好蘋果」

家裡的爺爺奶奶買蘋果，五個蘋果當中有幾個爛蘋果，爺爺奶奶一般都喜歡先吃爛蘋果，第二天吃哪個蘋果呢？他們又會在這中間找一個爛的吃，第三天也是一樣，最後發現，五個蘋果吃完了，但是吃的蘋果都是爛的，這是老人生活中體現出的簡樸作風。其實在銷售當中，大家要想明白一件事情，要先開發哪個客戶，後開發哪個客戶，最後開發哪個客戶。

比如說一個客戶的需求度並不是非常強，你要強勢成交，客戶也有可能會購買，但是成功的可能性比較低，至少也會花很多時間和精力。有些客戶的需求量很大，需求度很高，並且還很有錢，你一定要先開發這樣的客戶，萬一這樣的客戶被其他的銷售人員捷足先登，那你就沒有機會了。

做銷售應該先吃紅蘋果，再吃青蘋果，最後再考慮吃不吃爛蘋果。因為先吃紅蘋果時，慢慢地青蘋果也變成紅蘋果了。這是一個韜略，是一個排列組合的過程，需要做好分析與評估。

談判的關鍵點在於掌握客戶需求度

談判談判，邊談邊判，那麼邊談邊判什麼？首先，判斷客戶的需求度，因為需求度是第一個關鍵點，客戶能不能和你之間有互動或業務往來，需求很重要，當然，這裡最重要的有一條，效

能型企業對需求的判斷過程可能更複雜，效率型企業對客戶需求的判斷過程稍微簡單些。

1. 評估客戶需求度

對於效能型企業，需求度的評估非常關鍵，如果你發現這個客戶的需求度非常高，並且迫在眉睫，那麼你談判的籌碼就很高。對於效率型企業，客戶需求評估的重要性相對就低一些，因為效率型的消費偏重理性，需求一旦定下來，那就是非買不可，只要你是他的供應商，十有八九就會成交，當然，也得看你後面怎麼和他互動，而效能型的消費偏重感性，客戶有時候想起來了就買；心情不好，有可能就不買了。

2. 評估客戶的預算狀況

一方面，評估客戶有沒有這方面的購買能力，另一方面，評估購買產品的審核流程是否煩瑣。如果客戶購買能力達不到，那麼一般不會購買，但是可以發展成未來的購買客戶。如果客戶購買產品審核流程煩瑣，那麼你需要提前做好準備，幫助客戶推動審核。

3. 評估客戶本人的決策

你接觸的這個客戶到底有沒有決策權，如果沒有決策權，如何透過他認識有決策權的人。如果他有決策權，決策權力有多大，是否還需要接觸其他的影響者。

當你的客戶既有需求，又有購買的能力，還有決策權力，那麼這就是典型最重要的 A 級客戶，可以列入你重點跟進的客戶名單中。

4. 評估內線或關鍵人的關係

內線是關鍵中的一環，比如我們要到河對面去，河上有座橋，這座橋就是我們到達彼岸的內線，這個內線到底能不能發揮作用，是首先要評估的重點。

評判內線的標準有以下幾點：第一，是否能告訴你競爭對手的動態？比如說你打電話給這個人，問上次你為他們公司介紹產品，老闆有什麼反應。如果他說，你的競爭對手過來了，老闆正在和他談。那麼這個內線可能並未完全發揮作用。

第二，是否能直言不諱地告訴你產品的優點和缺點，應該怎麼做才更有可能成交？

第三，能否告訴你公司內部錯綜複雜的關係？

在培養內線的時候，千萬不要看不起基層工作者。一般來說，高層內線往往更有價值，但是如果你一時間抓不到一個高層的內線，先從基層內線開始，如門口的保安，櫃檯接待員，有時候也能幫助你很多。

第四，是否能告訴你競爭對手最主要、最機密的資訊？雖然不可能把原稿給你看，但是可能會有複件，有可能把主要的資訊告訴你。

5. 評估銷售過程

你和客戶有一次面談，如果對方非常有興趣，並不斷提出反對意見，剛開始身體是往後仰的，後來不斷往前傾斜，對你講的

東西很有興趣，不斷拿你的資料來看，問很多問題，還不斷詢問售後服務，你就可以評估成交的可能性非常大。小專案比較容易拿到，一兩次就能看出結果，但是大專案卻很難。決策不是由一個人說了算的，所以你要評估決策進行到什麼地步。比方說，一開始你是否能入選，到後期，能夠成為備選的產品供應商，到最後最終獲勝。每一步的評估對工作進展的推進都非常重要。

進行公關前需要掌握客戶決策模式

進行公關之前，必須做這樣一些工作。

第一，了解該公司的組織架構圖。這樣才能找對人，講對話。

第二，清楚採購小組和審核團隊的人員組成。小專案很簡單，基本上不需要什麼採購小組，也不怎麼需要審核團隊。擁有採購小組的往往都是大公司，一些是效能型公司，他們組建了審核團隊，對採購的產品進行詳細評估。

第三，分析採購小組的角色與分工，弄清楚每個人的權責。所謂權責，就是他們在其中扮演什麼角色，比如真正做決策的人是誰，哪些事情他會交給其他人做決策。

第四，了解每個人的立場。如何進行公關取決於每個人的立場，比如說採購小組有五個人，我們評估發現其中有兩個人是支持我們的，一個人一直未表態，有一個人明確表示反對，還有一

個也是反對的。所以，我們要鞏固這兩個支持我們的人，全力以赴地拉攏中間派，盡量說服那個對我們不太滿意的人，而那個完全反對我們的人，不要指望能收服，但是可以維護好關係，這樣拿下這個案子的機率就很高。

第五，了解所有採購要素。比如買雙鞋子，有的人第一看中的是款式，有的人第一看中的是價格，有的人看中的是品牌，有的人看中的是品質，也有人看中穿著舒適。所以你要了解每個人的關注點。

比如一個人來買燈泡，他希望買一個最便宜的，而你的產品確實品質很好，但價格有點高，那如何將產品賣給他呢？你首先要做的就是轉變客戶的購買觀念，這才是關鍵。

這時候，你可以告訴他：「這款燈泡雖然貴了些，但是它非常節能，用 100 個小時，耗電量才 1 度，比普通燈泡節能 5 倍，而且發光率一點也不差，這樣算下來，半年就能為您節省買這個燈泡的錢了，您說這個燈泡實不實惠？」透過這樣引導，可以在客戶心中建立一個省錢的概念，進而迎合客戶想占便宜的心理。

第六，了解採購的程序。一個大項目的採購往往涉及龐大的金額，需要多重審批，所以採購環節也會比較複雜，要先思考到了不同環節該做什麼事情。

第七，了解決策模式。有些公司是「獨裁式」的決策模式，老闆一個人說了算。有的老闆可能比較「民主」。如果老闆一個人說了算，那麼公關的重點就在老闆身上；如果老闆很民主，權

進行公關前需要掌握客戶決策模式

力下放，那麼工作重點就不在老闆身上，而是需要找到部門的負責人。

第八，了解決策方式。是議標，還是競標，差別也很大。銷售人員想把銷售做好，就必須下功夫。

在了解相關資訊之後，可以畫出一幅差異化的公關路線圖。在開展公關活動的時候，先從哪裡打開一個缺口，然後再接觸誰，就像作戰計畫書，思考先從哪個門突破。如果你無法掌握公司決策人的情況，你可以先從公司銷售人員突破，再透過他認識公司中其他人，進而掌握公司決策人的資訊。

在公關拜訪的過程中，如何提高自己的工作效率呢？這需要把自己的路線行程安排好，假如今天你只有一個客戶可以拜訪，那就要考慮能不能把拜訪推遲到明天，明天可以拜訪 3 個客戶，而今天的時間可以全部安排打電話以及整理客戶資料。有的銷售人員會有這樣的顧慮：客戶同意見我，已經很不容易了，再改日期不好。但我們一定要記住，一個客戶只要同意你去拜訪他，基本上已經認可你這個人了，你稍微提一點點意見，客戶一般不會太在意，只要第二天客戶有時間，他往往會接受你的拜訪；如果第二天沒有時間，就按照原來的計畫進行。

很多銷售人員的行程非常混亂，缺乏時間觀念，做事不懂得專注，以至於浪費了很多時間。如果你能提高效率，就會發現工作成果得以大大改善。

向大客戶銷售，要找對人、講對話

大客戶採購會形成六大買家。

1. **經濟買家**。一般就是公司的最高決策者，老闆通常都是經濟買家，他如果要掏錢，需要評估這個專案要不要實行，買了回報怎麼樣，不買會怎麼樣。很顯然，一家公司的老闆比較關注的是買了這個設備效益會怎麼樣，買了它能帶來多少好處，不買它會帶來哪些壞處。

2. **使用買家**。使用者往往關注產品的品質，對價格不太關注。如公司要買電腦，使用電腦的人就會提出關於配置、品質方面的要求，對這方面更加關注。

3. **財務買家**。財務部門會分析買這款產品是否超出了公司的預算，對公司財務狀況進行分析，給出相應意見。

4. **內部專家**。也叫諮詢買者、影響力買者，可能不一定是公司內部的人，但是說話卻很有份量，有可能是老闆聘請的一位專家，是老闆身邊有影響力的人，或老闆的朋友，這個人的一句話可能會影響採購決策，尤其當老闆拿不定主意、對產品不太了解時，這個人的一句話可能就會影響他。

5. **公司維修部門、服務部門或技術部門的人**。如果產品或售後服務出現問題，你會發現，這些人都會參與其中，所以要找對人，講對話。

6. **暗礁買家**。船在水面航行很容撞到暗礁，同樣，一筆生意，也
   有可能被一個未知的人物打亂了。決策者身邊的某一個人，最
   有可能成為暗礁買家，這類人一句話可能就讓業績泡湯了，有
   些人在公司可能什麼頭銜都沒有，例如財務部的小出納，搞不
   好是老闆的親戚，對是否購買你的產品有很大的影響。

第 **5** 章
關係在哪裡，銷售在哪裡

　　無論是在職場，還是在商場，人際關係都很重要，它是我們每個人無法跳過的重要一環，一個人沒有融洽的人際關係，無論在哪裡都很難立足；一個人能擁有融洽的人際關係，在哪裡過得都不會太差。

人際關係需要主動出擊

　　如何才能擁有較好的人際關係呢？人際關係需要主動出擊。就拿我以前做保險的經歷來說，只要搭電梯，我就喜歡往有按鈕的那邊站，我不但站在那邊，還喜歡用高大的身體把按鈕擋住，因為我做銷售那麼多年，總結出一個經驗，你要拜訪某一個老闆，搞不好進電梯的某一個人就是你接下來將要拜訪的客戶，因此早一分鐘認識比晚一分鐘認識要強得多。所以我養成一個習慣，就是在任何地方和別人主動打招呼。

　　當我用身體擋住了電梯按鈕後，就會問對方上幾樓，然後幫他們按按鈕。當我幫他們按了按鈕，在心理上，他們或多或少會覺得不好意思。這個時候我會用「含情脈脈」的眼神環視一周，看誰向我微笑，然後就會遞上名片去認識對方。

　　也有人說，這種方式我也用過，可是別人不理我！其實對方不理我們很正常，我們接著和他聊就好啦！要不然怎能表現出銷售人員主動進行公關的能力呢？所以沒有關係就去創造關係，這是非常重要的，你永遠要保持這樣一種心態，不要因為別人的行為而影響自己。

　　人在世上行走，能成功的，都是主動出擊、相當靈活的人。這就好比山不轉水轉，水比山靈活，水就掌控了山；水不轉人轉，人比水靈活，人就掌控了水。

　　所以靈活的人永遠領導不靈活的人，主動的人永遠影響著被

動的人。社會的常態就是一個有主見的人帶領一群沒有什麼主見的人，有計畫的人帶領著一群沒有什麼計畫的人。總之，越是主動，越是靈活，越是高手。

我在做培訓之前賣過保健品，那時候需要到處做推銷。有一次，上了公車，發現我最想坐的那個位置居然被別人占了，一般我坐公車，最喜歡站在公車後半部那兩根不鏽鋼柱子中間的位置，因為那個位置比較容易搶到空位。

我觀察了一下搶到位子這個人，覺得對方還不錯，於是裝作不經意的樣子，我將腳慢慢移到他附近。這時候一個緊急剎車，我一腳踩到他腳上，他頓時臉一黑，罵道：「你怎麼搞的，沒長眼睛啊！」我立刻彎腰鞠躬表示不好意思，用手在他的皮鞋上擦灰塵說：「不好意思，對不起，我沒注意……」我擦的時間太長了，對方覺得實在不好意思，就說：「算了，算了！」我還擦，他接著說：「起來起來起來……」我繼續擦，於是他不好意思地說：「別擦了，沒事的……」

我能感覺到三種語氣的變化，於是我站起來，在他面前搓手，因為我用手幫他擦皮鞋，手很髒，灰塵還在往下掉，他看到我這樣，覺得實在不好意思，居然到處幫我找紙巾。雖然沒有找到紙巾，但是從找紙巾的動作能看得出來，他對我有點愧疚了。於是我借此機會和他聊天，姓什麼，叫什麼，哪裡人，做什麼工作……聊得還蠻開心的，信賴感也逐步建立起來。

這時，我說：「先生，剛才我一不小心看到你的指甲上好像

沒有月牙白哦？」他說：「有沒有月牙白重要嗎？」我說：「這個問題，看你怎麼看了，可以說很重要，也可以說根本不重要。在中醫上，這叫氣血兩虛，在西醫上，叫缺乏某種微量元素。」他說：「這樣有問題嗎？」「你現在基本上沒什麼問題，但是到了40歲之後，男人該做的事，你大概都做不了啊！」他很緊張地說：「有那麼嚴重嗎？」我說：「你不信，我可以猜得出來。」「猜什麼？」「你去醫院檢查，根本檢查不出什麼毛病對嗎？」他說：「這倒是真的，我前兩天體檢過，沒什麼問題。」我說：「這就對了，因為你這個不是病，是屬於亞健康狀態，時間長了，可能會變成重病！」他說：「有這麼嚴重嗎？」我說：「你現在感覺不到，但是30歲之後，會開始慢慢掉髮。」他說：「我現在頭髮就比以前少了！」我說：「這就是徵兆，這才剛開始，接下來會掉得更多，很快會禿頭的！」

他聽完緊張了：「真的假的？」我說：「真的，我身邊有不少朋友是這樣，我帶他們到一家公司去，他們的保健產品非常好，用了之後就沒再掉頭髮了。」他說：「有這麼靈驗嗎？」我說：「真是這樣的，我也只是隨便說說，其實你最好哪天找個醫生看看，或者吃點保健品就好了！」他說：「我去哪找醫生？」我說：「我身邊就有幾個！」「那你幫我介紹介紹！」我答應了。

說著說著就到站了，我說：「不好意思，我到站了，我要走了啊！」他說：「那我怎麼辦？要不先跟你一起下車吧！」他居然和我一起下車了！我就帶他去我經理的辦公室，在經理的介紹

下，他想要買幾盒保健產品，我建議他先買一盒試試，效果好了再來買。

　　有關係我們要學會用關係，沒關係要找關係；找不到關係創造關係，創造不了關係，盡量製造關係；沒有需求找需求，找不到需求創造需求，創造不了需求就要發掘需求。總之，銷售高手要有這種能耐，所以人際關係一定要主動出擊。

人際關係是一種經常往來的感情互動

　　到底什麼叫人際關係？人際關係是一種經常往來的感情互動。什麼叫建立人際關係？建立人際關係就是找個理由引發雙方的虧欠。

　　平時你和主管或下屬都聊哪方面的話題？如果你和主管或下屬都是聊工作，都是些場面話、空話、客套話，那麼我斷定你們的關係大概不怎麼好。

　　如果你們之間經常會講一些真實的話，內心話，也能聊一些小祕密，你們的關係就很不一般。

　　那麼建立人際關係是先付出還是先回報呢？一般都是先付出，這是正常思維。但是我的思維不一樣，建立人際關係的時候，有時候要勇於先占別人的便宜。

　　某位銷售人員去拜訪一個客戶，對方說：「不好意思，剛剛來了一通電話，20 分鐘後我就回來了，如果你有時間就稍微等我

一下，20 分鐘後再來談，你看怎麼樣？」銷售人員一般會回答：「沒關係，王總，你先忙，我坐在這等你！」「那很好，桌上有蘋果，旁邊有報紙，看看報紙，吃吃蘋果，我 20 分鐘就回來了！」「沒關係，王總，你先忙，蘋果我看到了，我剛吃過水果了，你先忙吧！」

　　一聽上面銷售人員的話，就知道是「新手」，「老手」一般不會這麼做。「老手」會怎麼回應？「沒關係王總，你先忙吧，蘋果我看到了！」然後拿起蘋果就是一口。

　　這一口下去，引發了雙方的虧欠。因為你吃了客戶一個蘋果，你下次就可以找這個理由送他兩個蘋果，他再給你四個，你再給他八個，從此經常往來，關係不斷。

　　吃了一口，一方面顯現這個銷售人員性格特別，另一方面表示他放得開，第三個就是他開啟了彼此的關係之門。

　　在一次講課時，某位學員對我說，有個觀點太好用了，我問是怎麼個好用法，他就把他的祕訣告訴我了。

　　這位學員是一個賣豬飼料的銷售人員，經常和養豬戶打交道。在鄉下，有很多大的養豬戶，雖然去拜訪的路途遙遠，但是這些養豬戶進貨量大，所以都是他的重點客戶。

　　有一次他去拜訪一個客戶，回程的時候，遇到了狂風暴雨，道路不通，沒辦法，只好回去找那個剛才拜訪過的養豬戶，他說：「大哥，剛才和你聊得很開心，回去的路上發現路堵住了，你能幫個忙，今天晚上讓我在這裡住一晚嗎？」養豬戶人很好，

說：「沒問題！」這位大哥也很熱情，一下子就把臥室的門拆開，四塊磚頭一墊，鋪上棉被，一張床就出現了。

晚上，養豬戶要吃飯了，順便拉他過去一起吃。於是那天晚上飯也吃了，酒也喝了，還一直聊到半夜。第二天起來，還在下雨，回又回不去，早餐也在那裡吃，吃完又聊天。聊到中午，養豬戶說：「你賣的飼料，先送一批給我試試！」最後，他走的時候豬飼料也賣出去了，還和那個養豬戶建立了很好的關係。

他在回來的路上總結：「天啊，我現在才發現，原來建立關係最大的祕訣就是先占客戶的便宜！」所以，我總結了這個祕訣，下次去拜訪客戶的時候，尤其是路途遙遠的，盡量在下午或晚上去拜訪，去了就不回來，找個理由留在客戶家裡，最後飯也吃了，產品也賣了。

當然，我並不是鼓勵大家都占客戶便宜，占了別人便宜還必須還別人便宜，這叫經常往來。占別人便宜並不是目的，而是為了開啟彼此的關係之門。

銷售人員去拜訪客戶，大大方方一點往往更好，太客氣往往疏遠了彼此的距離。比如我們去拜訪客戶，正好客戶在吃飯，客戶邀請你：「來來來，來得早不如來的巧，一起過來喝兩杯！」銷售人員回答：「王總，沒關係，你們吃吧，我已經吃過飯了。你們先吃吧！」其實他肚子咕咕叫，餓得前胸貼後背。

回到家，就對老婆說餓死了，趕快弄點吃的。老婆說：「你個笨蛋，人家要你吃，你為什麼不去吃？」他義正言辭地說：「記

住，當你和客戶關係還沒有到那個分上的時候，不要輕易上桌吃飯！」從禮節的角度上來說可能是對的，但是你要換個方式想，正是因為你和客戶關係沒有到那個分上，所以應該同桌吃飯，吃了之後關係就到了那個分上了。

關係升溫來自彼此的「折磨」

人與人之間的關係如何升溫呢？第一個就是在交往的過程中，因為許多相同的經歷而升溫的，一起工作、一起上學、一起做過什麼事情等，因為彼此相處時間長，同質化的東西就很多了。第二個，關係快速升溫來自彼此「摧殘」、「蹂躪」加「折磨」，什麼意思？就像你越打電話給對方，對方對你印象越深刻，你越需要對方，對方和你交情越深。

比如，我講課完了，學員想和我建立關係，真的太容易了，晚上下課，你跑到我的面前對我說：「臧老師，我最近手頭有點緊，你看能不能先借我 50,000 元周轉一下，一個月內就還給你！」只要你敢講這個話，我們的關係就迅速升溫了。為什麼呢？你向我借錢，我內心會想，到底是借還是不借呢？我開始自我摧殘，自我蹂躪：我是借，還是不借呢？借呢，怕錢有去無回，不借吧，怕影響我為人師表的形象。後來為了樹立我良好的形象，牙一咬，50,000 元就出去了。

錢一出去，我就掛在心上了，只要想著這 50,000 元，就想起

了你，每天都很揪心。還好你很誠信，一個月後把錢匯給我了，然後說：「臧老師，錢已經到你的帳上了，你查一下！」我回到家，上網一查，錢真的回來了，你還給了我一點利息，當錢回來的那一剎那，我全身興奮，被你需要，我還覺得開心。

過幾個月，我打電話給你：「最近我手頭有點緊，能不能借我 250,000 元周轉一下！」我這句話一說出來，你的血壓馬上升高，沒被別人借過錢是不知道那種滋味的。你會想：我向你借 50,000 元，你向我借 250,000 元，50,000 元和 250,000 元，差別很大的啊，我是借，還是不借呢？借呢，也怕有去不回，不借吧，怕影響朋友感情，畢竟之前他也爽快地借過錢給我。

你考慮之後，匯了 100,000 元給我，說：「臧老師，我剩下的錢都匯給你了，就這 100,000 元了，其他的錢我都拿去投資了，沒辦法，請見諒啊！」就這樣，錢到我帳上了，我就開心了，而你開始糾結了，最後我也很有誠信，2 個月後，把 100,000 元加上利息立刻匯給你了，你發現錢回來了，也異常興奮，被我折磨了，你也覺得很開心，從此，我們的關係就非常好了。

關係就在這種摧殘、蹂躪、折磨當中不斷升溫。

有時候，我們為了建立關係，一味容忍對方，往往並不能收到很好的效果，特別是在沒有得到對方尊重的前提下，有時候付出越多，得到的越少。

假如妳是個美女，有一個人很喜歡妳，但是妳一點都不喜歡他。他每天為妳做很多事，買這個，送那個，為妳付出了很多，

但是說實話，妳真的不愛他。他每天纏著妳，妳覺得很厭煩，最重要的是，妳已經有喜歡的人，那就是我阿臧老師。妳同樣每天為我做很多事情，織毛衣，買禮物，可是我一點也不動心。

有一天，那個人過來找妳說：「妳別和阿臧在一起了，那傢伙就是一個壞蛋啊！」此時，妳會說這樣一句話：「其實我早就不想和他在一起了，可是我為他付出了那麼多年，如果突然之間斷了，我心裡會很空洞！」

從上面故事可以看出兩層含義：第一，在沒有得到對方尊重的前提下，你付出越多，往往適得其反，只會讓對方厭煩；第二，為對方付出也會變成習慣，而且付出越多，越會愛上那個人。

比如，我曾經去拜訪客戶，五次之後，這傢伙還是不太理我，第六次，我就「折磨」他了，和他沒聊幾句，我上前握住他的手說：「你知道你一生最大的遺憾是什麼？」他用很詫異的眼神看著我，因為沒有想到我會用這種語氣和他說話，他問：「是什麼？」我說：「你一生最大的遺憾就是沒有買我們公司的產品，沒有和我合作，更重要的是你沒有看得起小弟我這個人！對不起！謝謝！再見！」手用力一握，揚長而去，只剩下關門的聲音。

這樣做完，一般會有兩個結局，第一個，客戶會覺得你神經病，有什麼了不起的，然後不理你了；另外一種情況就是客戶一頭霧水，然後等我走了，會打電話給我：「小臧，你怎麼回事，

我哪裡做得不周到嗎？抱歉啊！你不要太計較，來來來！你回來我們再聊會兒！」等你再回來，你們之間的感覺就不一樣了，他會很專心地聽你說話！

那萬一出現第一種情況，他不理你了，怎麼辦？你可以繼續理他。過幾天，你拿起電話打給他，說：「是我啊，小臧，上次講話不太好聽，請你見諒，我這個人有點毛病，就是容易衝動，但是我覺得自己一片真心，對方不理解我的時候，我一衝動就會講很多難聽的話，你大人不計小人過，不要太計較啊！我為什麼老是拜訪你呢？就是因為我們公司產品有八大優勢，五大特色，都沒有好好跟你說明一遍，因為只有我們公司產品才能幫到你啊……」「你別說了，你先過來，中午我們一起吃個飯，我請，也怪我太忙了，沒有把這件事放在心上！」這樣一推一拉，你和客戶關係又升溫了。

建立關係並不是一廂情願就能達到目的的，你對他很好，但是對他好，對方不一定非得買你的產品。另外，建立關係要快速將商務關係拉向私人關係，只要兩個人關係比較好，說話一般就不會那麼客氣，關係好了，講話也不會那麼嚴肅和商業化了。

第 6 章
銷售員要先學會推銷自己

　　銷售人員提升了自己的公關能力，但真正見到客戶的時候，還需要推銷自己。為什麼要推銷自己呢？這就像請明星打廣告，產品就更好賣一樣。

　　一個人真正想提高自己的說服力與推銷能力，就語言本身的技巧而言，沒有太大的發揮空間，即使你滔滔不絕，口吐蓮花，但別人不信任你，你也很難將產品成功銷售出去。這個時候需要做的就是推銷自己，讓對方信任你。

說服別人最好的方法就是提高自己的身分

　　想要輕易地說服一個人，往往並不一定要提升你的說話能力，最重要或最好的方式是創造好的結果，提升自己的身分。

　　當一個人的身分不一樣的時候，講話的力度也不一樣。大家都看過馬雲的演講，其中有一個小片段是這樣說的，馬雲說，1995 年，他在香港一次網路論壇的演講引用了世界首富比爾蓋茲的話，他說比爾蓋茲告訴人們，網路在今後的 5 年或 10 年，將會改變人類生活的各方面。後來，馬雲證實，這句話實際上是他自己杜撰的，為什麼呢？因為借用世界首富比爾蓋茲的影響力，就會有很強的說服力。這就像很多人講話，喜歡借用名人的名言來證明自己的觀點一樣。

　　一個人講什麼話並不重要，重要的是誰在講話。比如，有兩個銷售人員坐在你面前，一個穿的很專業，講話做事非常成熟穩重，而且對你態度和藹；而另外一個銷售人員蓬頭垢面，提個破包，穿雙破鞋，說話也不專業，當然你會不由自主地看向那個形象好的人。

　　多年前，和你同班的某一個同學由於不是很出眾，沒有什麼人理他，但是，若干年之後，這個人居然成為了一家大集團的總經理。這個時候同學聚會，你會發現大家都會多看他一眼，聊天的時候，你會更加關注他說什麼，往往他講出來的話，大家都很一致地點頭配合，這就是身分發揮的作用。

　　在生活中，我們會發現：說什麼不重要，重要的是怎麼說；怎麼說也不重要，重要的是誰在說。提升自己的說服力最快的方法就是提高自己的身分。有時候，即使你滔滔不絕，也未必能把別人說服。

　　比如臺上站了兩位老師，一位是我臧其超老師，另一位是阿里巴巴馬雲，兩人一起在臺上分享，講同樣的課題，那麼臺下的學員會往哪裡看？很顯然，大家都會一齊看向馬雲。

　　這世界上所有的人都有這種心理，做銷售的人，要學會利用人們的心理去做事。總之，順著規律做事情，不會吃虧；逆著規律做事情就會受到懲罰。

　　所以，當人們都有這種心理的時候，銷售人員就需要盡量包裝自己，將自己打造成一個看起來更加優秀的人。因為這樣在說服他人的時候，更有震撼性和征服的力度。

　　我把銷售人員分成幾個層級，有小鷹、老鷹、菁英、殺手。一般來講，由小鷹變成老鷹，任意且連續的 3 個月，只要業績排到第一名，就可以變成老鷹；老鷹任意連續 4 個月業績都排在第一名，就自動變成菁英；菁英任意連續 6 個月業績都是第一名的，會自動變成殺手。基本而言，從老鷹到殺手這個級別，沒有 2~3 年的時間，是很難做到的，因為連續 2 個月第一名很難。有一個小女生很厲害，她從老鷹爬到殺手的級別，居然僅僅用了一年半的時間，超出人們的想像。

　　後來我們發現，她國慶連假消失了，同時還請了二十幾天的

長假。休假之前，她是一個很普通的女孩，回來之後婀娜多姿，亭亭玉立，完全換了一個人一樣，她把自己從頭到腳都包裝了，我覺得不是包裝，而是「裝修」。不僅僅是形象，甚至氣質都有很大的改變。從此之後，她的成長速度飛快。

還有一個例子，我們培訓行業有個女強人，她用 4 年的積蓄買了一輛寶馬車，自從有了這輛寶馬之後，業績飛速成長，我問她原因，她說自己也不知道，我們私底下聊天，原來是身分變了，導致她業績增長。

每次她去拜訪客戶，都帶著錄音筆，打電話也會把聲音錄下來，晚上用來自我反省，哪個電話講得好，哪個電話講得不好。有了寶馬之後，她透過聽自己的錄音，發現講話的味道都變了。

以前打電話，問：「你是吳總嗎？上次我打過電話給你，你還記得嗎？」「哦，想起來了！」「吳總，你什麼時候方便，我去你公司拜訪一下，可以嗎？」「哦，你要出差啊！那什麼時候回來？」「下週五回來之前，我再打電話給你，或者傳個訊息，確認時間好嗎？」「好的，那祝您一路順風！」

有了寶馬車之後，打電話就是這樣的了：「是吳大哥嗎？」「啊，想不起來啦，我啊！上次那個拜訪你的，頭髮長長的阿美，想起來了啊，吳大哥，你真是貴人多忘事啊！」「吳大哥，你什麼時候有空，我到你公司聊一聊？」「啊，要出差啊，什麼時候走啊？」「今天晚上啊！幾點？」「四點半！吳大哥，那沒關係，我開車到你樓下去接你到機場！」「我知道知道，你忙我也忙，大家

都很忙，我開車到路上和你談個事情，沒關係，三點半見啊！」

有車和沒車時打電話，差別還是蠻大的，人還是那個人，有了車的感覺就完全變了，所以後來她業績成長非常快，因為她很善於用錢來賺錢。

沒錢的時候用苦力來賺錢，有點錢的靠能力賺錢，有錢的人靠錢來賺錢，再有錢的人是靠別人的錢在賺錢，更加有錢的人是靠大勢在賺錢。實際上人賺錢的方式是完全不一樣的，李嘉誠就是依靠大勢賺錢。

總之，要學會推銷自己，當你身分提高了，說話自然很有份量；當你有身分地位了，自信就立刻提升了。

永遠不要先賣產品，而是先賣自己

很多銷售人員在見到客戶後，就賣自己的產品，結果客戶很反感，關係很難建立。銷售人員永遠要記住，不要先賣產品，永遠要先賣自己，賣自己的內在涵養與外在包裝。兩者加起來就是一個人的能量和氣場。

在這之前，我已經說過，銷售表面上是玩技巧，實際上是玩實力，再往上是玩能量，再往上是玩氣場。當內在外在兩個身分都彰顯出來的時候，能量就是極強的。

從外在來說，第一，要為成功而打扮；第二，要為成長而投資；第三，所有這方面的投資要逐步加倍。

比如，原來買套西裝 50,000 元，下次買套西裝 100,000 元；原來買副眼鏡 5,000 元，下次買副眼鏡 10,000 元。沒有錢，可以先假裝自己有錢，裝著裝著就真的有錢了；沒有自信可以先假裝自己有自信，裝著裝著就真自信了；沒有幸福，先假裝自己幸福，裝著裝著就真幸福了。無數人的一生都是帶著面具生活，裝了幾十年，終於有一天領悟了，要開始走向簡單，當他把面具摘下來的時候，很遺憾，人的臉已經長得和面具一樣了。假裝什麼，裝久了就有可能變成真的。

沒有微笑，假裝微笑，笑久了，就真的開心了。一個女人說，天哪！我怎麼那麼不幸。其實很簡單，一個幸福的女人，嫁給誰都幸福，一個不幸福的女人嫁給誰都不幸福。因為自己一直活在不幸當中，所以根本看不到幸福，就不會得到幸福。要想獲得幸福，從技巧層面來說，先從假裝幸福開始。

銷售人員要善於製造故事

想推銷自己，要善於為自己製造一個優秀的故事，這樣，你就很容易在別人心中留下深刻印象。銷售人員要善於創造一個別人做不到的故事，善於做到第一名。

比如，你可能沒辦法把業績做到第一名，但是可不可以做到拜訪量第一名，打電話打到第一名，每次都培養自己做到第一名，到最後就養成一個習慣，創造出一個偉大的第一名，一下子

就把自己行銷出去。

比如，喬‧吉拉德，他非常喜歡去籃球場，每次去了，就提著一包名片，只要有人進球了，他抓一把名片就撒：「那是我兒子進球啦！」別人就會拿起他的名片看一看 —— 喬‧吉拉德，賣車的，然後就扔了。他說，別人扔了也不怕，反正你看了一遍，就記住了。

喬‧吉拉德就這樣不斷製造故事，他去餐廳，結帳時他就送別人兩張名片，一張是給對方看，另一張希望別人把名片轉給他朋友，只要買汽車，就可以找他。

他甚至去公共廁所，把名片和衛生紙放在一起。別人拿了衛生紙，也拿了名片，後來到廁所一看，全是他的名片。這些名片被扔了也沒關係，因為人們記住了，然後廣泛傳開，說廁所裡都是那個人的名片。再後來，發名片變成了一個故事，被每個人記住。

所以，身為銷售人員，一定要善於創造結果，創造第一名，創造別人做不到的事情，善於行銷一個故事。

我的公司有個銷售人員很厲害，他做了一件精明的事情，他把自己以前每個月獲得的小獎盃、獎狀排成一排，然後全部拍照下來，放在名片的背面，每次去拜訪客戶的時候，一開始老闆拿到名片沒有任何感覺，但是一翻過來看到名片後面有一排獎盃的時候，就兩眼發光，不是認為他是賣獎盃的，就是認為他是銷售高手。

　　他說，只要老闆看到我的獎盃了，絕大多數的人都會改變對我的態度，因為他知道我是高手，但是客戶對我好的目的是什麼呢？一方面是為了多溝通，交流一下經驗；另一方面是找個機會把我挖角過去。

　　結果他利用客戶的這種心理，與他們都成交了。這就是善於製造故事，善於推銷自己，善於包裝自己。

　　如果我們去拜訪客戶時遲到了，我們會怎麼說？一般人會說：「張總，不好意思，遲到了，抱歉，來的路上有點塞車！」而我一般不會這樣說，而是：「不好意思啊，遲到了，剛才我去拜訪了一下 xx 集團的老總，他們也太熱情了，一定要好好地和我聊一下，聊完還要拉我去吃飯，又喝了幾杯，不好意思，耽誤了你一點時間。」所以，銷售人員要善於行銷自己，這很關鍵。

　　我經常在各地為企業老闆講課，也經常發現一些老闆聽課時，一有電話就跑出去，一有簡訊就跑出去，一看就不會做行銷，因為他們不會包裝自己。第一，一有電話就跑出去接，說明領導能力不夠，手機是我們的工具，我們要掌控手機，而現在你卻被手機掌控了；第二個，不會行銷自己，當然也有人質疑，說這是客戶打來的電話，客戶是上帝，不和客戶建立好關係怎麼行？我說，你說的沒錯，但是你沒有包裝自己。

　　我的手機為什麼就不響，難道我不接待客戶？我電話很多，但是我就是不會輕易去接聽，因為我「跩」！我越是「跩」，找我的人越多。所以，學員在上課時間接到客戶電話，悄悄告訴客

戶：「王總，不好意思，我正在談一個大案子，你稍微擔待一下，我這邊有一個非常大的案子，稍等，等我把事情談成了，再打電話給你，不要急啊！」老闆心想，原來我的是小案子，後面還有更大的案子，他立刻對你的感覺就不一樣了。

說話堅定往往更容易影響人

說什麼東西不重要，重要的是怎麼說，因為說話堅定的人往往能影響不堅定的人。比如，兩個小孩在一起聊天，一個小孩很堅定，一個小孩不堅定，這兩個小孩，到底哪一個更容易影響另外一個小孩，很顯然，是講話堅定的一方更容易影響講話不堅定的人。可是當大人偷偷跑到小孩子旁邊聽他們聊天，我們卻驚訝地發現，講話堅定的小孩，內容都是錯的。

銷售人員在和別人溝通的過程中，說話是否堅定會直接影響你的業績。所以銷售人員要包裝自己，除了外在，還要包裝內在 —— 堅定的信念，自信的表現，強大的氣場都會影響成交的結果。

第 7 章
建立信賴感，與客戶連結

　　你和客戶能否很輕鬆地交流，很快成為朋友，建立彼此的信任，取決於客戶對你的信賴感。就像賣保險一樣，為什麼很多銷售人員賣保險，喜歡找自己的家人或親人，因為家人和親人之間有比較深的信賴感，正是因為這種信賴感，所以人們才會放心購買。

共同話題是建立信賴感的第一步

　　銷售人員如何才能很快地與客戶打成一片，一個案子能否成功？ 50%～ 60%取決於銷售人員和客戶之間的信賴感。一個人說一個東西怎麼怎麼好，你不一定接受，但是你認可一個人的時候，他講話你就比較容易接受，和你關係很好的人，他講話，你就比較容易信任他。

　　那麼如何才能與客戶建立更好的信賴感？第一，尋找相同的話題。當你見到客戶的時候，尋找相同的話題，很容易讓你和客戶打成一片，彼此聊得眉飛色舞，很快就能找到相同點。找到一個相同的話題，最好是對方感興趣的，也是你比較感興趣的，這時候雙方容易打開僵局。

　　很多銷售人員去拜訪客戶，會遇到這樣一種現象：「我有需要的時候再打電話給你！」「這個產品我們已經有供貨商了！」還有很多老闆會說沒有時間。

　　銷售人員一定要記住，老闆的時間是由老闆自己決定的。他覺得和你談得很開心，覺得認識你蠻有價值的，就會推掉很多其他的事情；如果他覺得和你聊天沒價值，他就會找出一萬個理由拒絕你。

　　人與人相處，永遠存在隔閡。富翁和老百姓之間很難談得投機，因為他們關心的話題不一樣。老闆和老闆在一起聊有沒有什麼好的專案啊，怎樣更有效地融資、投資等。社區老人們聊哪個

超市在打折，白菜、雞蛋最便宜。不同人群，話題不一樣，所以銷售人員需要針對不同人群找到對應的話題。

那麼銷售人員如何找到客戶之間溝通的話題呢？第一，直接發問；第二，觀察；第三，聆聽。

你和老闆在一起聊天，發現他喜歡穿運動服，很顯然，這個老闆喜歡運動；如果你發現這個老闆辦公室有很多字畫，表示他很喜歡書法和藝術；如果你發現客戶牆上掛著很多樂器，表示他很喜歡音樂方面的東西；如果你發現牆角有籃球，說明他喜歡打球。

但是很多時候，銷售人員不太了解這些，所以請一定要記住一句話，要想成為銷售高手，一定要成為一個生活的雜家和行業的專家，談什麼都能有的談，談政治，可以；談經濟，也很懂；談軍事，也知道。

銷售人員必須常微笑、常點頭、常親和

無數銷售人員面部表情都是僵硬的，如果是做技術研發的，還可以理解。身為一個銷售人員，為什麼臉部表情那麼僵硬呢？銷售人員應該要面帶微笑，微笑是人與人之間的潤滑劑。

你對著別人微笑，便成了占便宜的第一人，因為你最先獲得快樂。

我在火車上、飛機場經常看到很多老外，他們見到人常點頭，會看著你微笑，甚至豎起大拇指。因此，我們銷售人員必須放開自己，要常微笑、常點頭、常親和。

　　有人會問，客戶說我們產品不好，那我們也要常點頭？對，應該點頭，為什麼呢？他說我們產品不好，我們點頭並不是認可客戶的觀點，而是表示我聽到你的感受了，我理解你的心情了，體會到你的內心世界了。點頭是一種催眠式的認可，或者是有道理，或者是我理解你，但是並不代表我認同你的觀點，而是表示一種基本的尊重。

　　很多時候，銷售人員千萬不要和客戶辯駁，因為你可能口頭上贏了，但卻輸掉了訂單。

　　以前有一個客戶把我罵得狗血淋頭，一口氣罵了十幾分鐘，說我們公司的產品是垃圾一堆，我以為他罵一下子就算了，結果還一個勁地罵，後來我實在沒有辦法，就掏出我的筆記本，他罵一條，我記錄一條，最後我記錄了十幾條，然後問他：「王總，還有嗎？不好意思，我拿的產品是試樣產品，沒想到帶給你那麼大的麻煩，王總，還有什麼嗎？」最後他嘆了一口氣說：「哎，沒了！」像是洩氣的皮球一樣，癱在沙發上，這個時候我就幫他倒水，繼續道歉：「抱歉抱歉，王總不好意思，給你帶來那麼大的麻煩！」

　　大家不要忘了，他罵了我十幾分鐘，他虧欠我了，這就是心理戰略，他虧欠我所以會自動為我找個臺階下，後來他喝了一口

茶又說：「哎，其實我也只是發洩一下，你們公司的產品其實有些地方還可以，說心裡話，我最需要的這個地方你們的產品倒是做到了！」這個時候我會順水推舟，說：「那你看，王總，是訂一個呢，還是暫時訂兩個！」他嘆口氣說：「那就訂一個吧！」

這就像是夫妻吵架一樣，老婆在發脾氣，老公一直順著她，最後關係又很好了。但是你如果把她吵架說的東西當真了，小事就會演變成大事，最後翻出陳年舊帳，導致人身攻擊，一步步走向無法收拾的地步。

溝通的時候一定要拿捏住火候，不要和別人爭辯，要感同身受，用心交流，你的誠心終究會換來客戶的誠意。

銷售人員要學會在玩笑中成交

一個客戶決定買或不買你的產品的時候，請問他緊不緊張？很顯然，客戶很緊張，客戶要掏錢的那一刹那，是你緊張還是客戶緊張？很顯然，客戶更加緊張，因為他害怕做出一個錯誤的決策。你如果很嚴謹，很理性地和他溝通交流，整個過程就會非常沉重，這不是一件好事情。因為人是越感性越容易做決策。

一個人買了房子回到家，說：「老婆，我買房子了！」妻子說：「買在哪裡？」「在 xx 地方！」妻子：「老公，你個笨蛋，那個地方的房子是不能買的，我們同事好幾個買了都退屋了，那個房子不太好……」最後講了一堆，把他老公責備了一頓。

最後，丈夫面帶微笑地說：「老婆，沒關係，反正我沒交定金！」如果丈夫交了定金呢？那他的臉色就會很難看，最後大吼一聲：「妳知不知道將來這個房子會漲多少？妳知不知道將來市政府會規劃在這裡？妳知不知道將來這裡會蓋地鐵？妳不知道就別亂講！」最後他反駁了一番，為什麼反應不一樣，因為他交定金了，反駁妻子就一個目的，那就是證明自己的決策是英明的。

事實上，我們發現人是很感性的，人們都是感性地做決策，理性地做解釋。

一個女孩子愛上了一個男孩子，她的父母說：「妳為什麼愛這個人呢？」女孩子說：「我就愛他！」「爸媽為妳找了一個銀行行長，很年輕，很優秀，很成功！嘗試交往一下好不好？」最後女孩只好勉強答應：「好吧，那就試試看！」

經過 3 個月相處，最後女孩子說了：「行長，其實我們不太適合，我對你一直找不到那種感覺！」行長說：「難道你對那個人有感覺？」「你說得太對了，不知怎麼搞的，我就喜歡他壞壞的樣子！」

其實，這世界上很多事情都不是你我表面上想像的樣子，如果有人把喜歡另一個人的理由講得頭頭是道，那不叫愛，那叫陰謀。因為愛情是一種感覺，就是見到他語無倫次，這就是發自內心的一種愛，很多人卻能解釋得很清楚，那都已經不是真愛了。

所以，客戶在成交的時刻，都是感性的，人本身也是感性的。銷售人員在和客戶互動的時候，要輕鬆、搞笑、幽默、感性一點，如此一來往往能在不知不覺中達成目標。

做銷售要學會在玩笑中成交,在玩笑中建立關係,幽默地和別人打交道,銷售就是玩出來的!

用讚美滿足客戶的自我需求

馬斯洛說人有五大需求,從生理生存的需求、安全的需求、愛和歸屬的需求、尊重和認知需求再到自我價值實現的需求。每個人都希望被別人讚賞、認可、鼓勵。因此,讚美對於做銷售的人來說太重要了。

一個母親帶著4歲的兒子去超市,大包小包,買了一堆,上了自己的車之後,回頭一看,發現自己的錢包不見了,這個時候兒子說:「媽媽,妳是不是在找錢包啊,錢包在我這裡!」

媽媽發現錢包居然在兒子手上,打開一看,錢、卡都在,問兒子在哪裡找到的,兒子說:「媽媽,妳剛才錢包掉在地上,我就把錢包撿起來了!」母親抱著孩子親個不停,之後逢人就誇這孩子太聰明,太懂事了。

時間久了,把孩子誇出毛病了,因為從此之後,這孩子只要跟著爸媽出去,兩眼就死盯著錢包,後來不僅盯著爸媽的錢包,還盯著別人的錢包看。

孩子是喜歡錢包嗎?很顯然不是,他喜歡被別人讚美認可。

沒有一個人不喜歡被讚美,就連剛生下來的小孩,你在他面前哈哈一笑,他也會跟著笑;你在他面前瞪眼睛,他一下子就哭了。

　　讚美有兩種方式，一種是直接讚美，另一種是間接讚美。比如，你和客戶這樣說：「哎呀，王姐，妳的髮型太好看了，在哪裡弄的？」這是直接讚賞。「哎呀，王姐，妳的髮夾在哪裡買的？我一直想買一個這樣的髮夾，可是都沒有看到！」這叫間接讚美。相對而言，間接讚美往往不讓人覺得是拍馬屁，但是又能讓人覺得很舒服。

在聆聽中讓客戶留下良好印象

　　學會聆聽別人說話是建立信賴感最好也是最快速的方法。很多人喜歡與別人分享，當對方喜歡這樣講話，你就順著他的心意，好好傾聽就可以了。在傾聽的過程中，他會莫名地與你建立起良好的連結。

　　一個女孩子要是失戀了，一般會找閨密傾訴，這個時候就看好姐妹怎麼安慰她了，最笨的方法就是說：「哭哭哭，盡量哭吧！我早就跟妳說過多少次了，那傢伙不可靠，叫妳不要和他談戀愛，妳偏偏要談，自找的！」

　　戀愛雙方，今天吵架明天說不定就和好了，如果妳把這些話說出來多難聽，搞不好 3 天之後，兩人又好了，勸人的就很尷尬。其實在對方哭的時候，最應該做的事就是什麼也不做，只要用心聆聽，然後不斷幫對方倒水，幫她拿衛生紙擦眼淚。

她不斷哭訴，覺得很委屈，沒人能理解她，而此時此刻只有妳認真聽她說，她覺得妳很理解她，她就把被人理解的好感和妳連結在一起，妳就是好感，好感就是妳，於是哭完了，她和妳擁抱在一起說：「妳是我長這麼大最好最好的姐妹！」

所以用心聆聽就會留下很好的印象。就像我之前講的一樣，客戶把我罵得狗血淋頭，但是我只要用心聽他說話，客戶對我也會留下好印象。

每一次拜訪客戶的時候，銷售人員應該帶著筆記本，這是一個很好的習慣。當對方在講話的時候，你就拿出筆記本記錄，但是不要表現得太正式，讓別人感覺不舒服。比如無意中你說：「王總，你說的這句話太好了，我怎麼沒想到，等一下，讓我把它記錄下來！」這個時候，對方可能會再重複一遍，感覺你在認真聽他說話。

不僅要善於聆聽別人說話，還要善於做些記錄。

例如，當你和客戶聊天的時候，突然客戶的電話響了，他拿起電話聽了一會兒說：「我知道啦，買個小的就可以了，不就是過個生日嗎？我們以前不吃蛋糕的，好了，明天我下班和你一起去買！」當你聽到這句話的時候，你得到了一個重要的資訊，明天對他來說是一個重要的日子，可能是某一個人要過生日，但是你不知道誰將要過生日，假如你知道是誰過生日，你可以提前一個晚上打個電話或者傳個訊息祝福別人，這樣可以拉近關係，所以你要立刻拿起筆把這個資訊記錄下來。

你為了弄清楚到底是誰過生日，可以繼續問：「王總，您太太過生日啊？」為了獲得一個真實的資訊，你可以先拋出一個假設的訊息。

他為了證明你這個資訊是錯的，會告訴你一個真的資訊：「哪是太太，是我們家女兒！」

帶著筆記本，客戶講得比較有益的話、重要的資訊，都可以記錄下來，一方面讓客戶感受到你的尊重，另一方面可以讓別人感覺你很用心。

彼此投緣，與客戶打成一片

什麼是投緣？很多時候你要和客戶打成一片，關鍵是要和別人融為一體，不要和對方格格不入。

比如，你拜訪的一個客戶很豪爽，你如果太拘謹，就會讓對方也拘謹了，對彼此交流就會有影響。如果你遇到一個人講話很粗俗，那你也可以嘗試講話粗俗；如果你遇到一個人講話很文雅，那你也可以嘗試講話文雅。

有些客戶，你第一次去拜訪他，就很喜歡和他聊天，有的客戶你見到他第一眼，恨不得踹他兩腳。為什麼會有這麼大的反差呢？因為你和客戶的風格不一樣，頻道不一致。此時，你需要轉換頻道，調整自己的風格。

很多時候，只要你能和客戶打成一片，產品就會很好賣。

如果今天你的客戶請你出去玩，去泡溫泉浴，你老是穿著職業套裝，客戶也會覺得很彆扭。銷售人員要學會和客戶「同流」，「同流」之後，才可以交流，交流才能交心，交心才能實現交易。

循序漸進建立信賴感

當銷售人員與客戶接觸時，如何一步一步建立彼此的信賴感呢？

第一步，寒暄招呼。當你見到客戶，一般都會與別人先打個招呼；第二步，簡單地自我介紹；第三步，說明自己的職責；第四步就是遞上名片，並握手。在這些基本的介紹之後，就是開宗明義，介紹自己拜訪客戶的目的何在，在此階段，千萬不要一開始就介紹產品，而是把自己的價值介紹出來，把你來這裡能為他帶來的好處說清楚。

比如說，王先生，我今天有個天大的喜訊要跟你分享！張總，今天有個好消息要告訴你！李總，今天有個好消息要告訴你，我有一個非常好的方法，可以幫助貴公司的業績在 3 個月內提高 20%～ 30%！

你只要把能為對方提供的好處說出來，就間接地告訴了別人你的來意，更重要的是為別人製造了一個感興趣並能繼續聊下去的機會，讓彼此有更多交流的機會。

在落座之後，便進入到第五步，那就是破冰開場。銷售人員

不要一下子就直奔主題，越快進入主題，死的機率越高。所以這個時候盡量多寒暄比較好，這就像談戀愛，剛認識就上前擁抱，別人會認為你行為怪異，往往失敗的多。

我們到商場去買東西，銷售員一直跟在旁邊，並不斷詢問：先生，喜歡哪一款？先生，這款可以嗎？店員不斷問你，你也不會輕易把自己想要的告訴他。因為你把需求表達得越明確，往往他對你的掌握越準確，談判的時候你越是顯得被動。所以，銷售員需要做的是先把客戶的心門打開。

我在各地講課，經常會在機場逛一逛，各家商店售貨員的水準有很大的差別。有一次，我走進一間賣背包的店，在我剛要踏進店門的時候，手機響了，是我的助理打來的電話，問我排課的問題，於是我一邊講電話，一邊走進店裡，聊課程怎麼安排，但是我發現一件事情，有一位小姐正在櫃檯記東西，當我走進來的時候，她的筆就停下來了，我感覺到她似乎在聽我講電話，電話掛斷之後，她就上前來和我說話了：「先生，您是講師吧？」我說：「是啊！」她接著說：「一看您的氣質就和別人不一樣！」然後問我是哪方面的講師，我說是講行銷方面的。

她接著說：「先生，您是講行銷的啊，那您要教教我們怎麼賣東西啊！我現在都不知道怎麼賣東西，能碰到您太好了！先生，我跟你說，我們公司經常舉辦培訓，你什麼時候也來為我們公司做培訓吧！說著說著，忘了幫您倒水了！」然後她到處去找紙杯，可是翻箱倒櫃沒有找到，後來就從抽屜裡面拿了一瓶飲料

到我的面前,「啪」的一下子打開了,遞給我。

我連忙推辭:「不用不用……」她說:「沒關係,我幫你打開了!」然後硬往我這邊推!推來推去,還是塞到我手裡了。

這瓶飲料我是接了,但之後發現後患無窮啊!平白無故,彼此又不認識,喝了別人一瓶飲料,總感覺有點不好意思。

這時候,她接著說:「先生,和你聊天都忘了問您姓什麼了?」我說我姓臧,她接著說:「臧老師,你可不可以把你的連繫方式告訴我,以後我們公司辦培訓可以找你啊!」我說:「號碼可以給妳,但是妳必須透過培訓公司來找我啊!」

我把連繫方式也給她了,後來發現不對,喝了別人一瓶飲料,連繫方式也告訴別人了,今天如果一件東西也不買,好像也對不起講師這個身分,我想,要從這家店走出去,好歹也得買點東西,要不然面子上過不去。

我買什麼呢?包包我也不需要啊!買衣服,這裡也沒有啊!後來發現一個名片夾,一看標價4千多,還不知道是不是真皮的,思來想去,最後還是買下了。

這個售貨員很輕鬆地就和我成交了,她在關鍵時候並沒有介紹她的產品,但是為什麼成交了呢?因為她把我的心門打開了,她和我之間迅速建立了信賴感。

第六步,銷售人員需要做的就是關注對方。銷售人員與客戶聊天時,不要老是講一些無關緊要的東西,你與客戶聊一聊之後,覺得差不多了,就要想辦法進入他所關注的話題。

　　如果我們遇到一個很強勢的客戶怎麼辦？在還沒有建立密切關係的時候，我們可以遇強則弱，遇弱則強，迴避鋒芒，使用迂迴政策。

　　面對一個很弱的人，很多時候你越是自信、陽光、堅定，他越相信你，因為他身上缺少這個特質，所以遇弱則強。當客戶直接問你什麼產品？多少錢？有什麼好處？你按部就班地回答就好了，回答完好幾個問題了，你開始發問：「王先生，你們公司以前買東西一般都是怎麼採購的，你們會關注哪幾個重點呢？」

　　因為剛開始客戶問你，你都乖乖地回答，他感覺你這個人還不錯，心裡吃了一顆定心丸，然後到了後面，你來個反問，最後就可以獲得不少有用的資訊。

　　之後，銷售人員要慢慢貼近客戶的需求，開始關注他。「王總，你公司營運得不錯啊！這家公司經營多長時間啦？」客戶說：「兩年！」「兩年時間能發展得這麼好啊，這都得歸功於您的英明領導啊！」

　　很多時候，客戶在講自己的時候，會標榜自己：「我們公司年產值多少億……」當一個人標榜自己，講述自己的豐功偉業的時候，這個人的身分在你心中慢慢提高，相對地你的身分在慢慢下降，出現這種情況時，銷售人員一定要包裝自己，不要讓自己和客戶顯得落差太大，因為當心理優勢喪失時，很難再去說服對方。

　　比如，對方說公司一年有多少多少的產值，你也可以很輕鬆地說：「王先生，您公司真不錯，發展這麼快，我們公司和您相

比，還有一定距離，我們公司雖然營業額大，但是做的時間長才累積出這些業績，您三四年就做了好幾億了，我們公司做了 10 年才做 10 億！」這個時候，也是在間接暗示自己公司的實力，進而抬高自己產品在客戶心中的地位。

銷售中有三個字：問、聽、說。到底哪個字最值錢，一般來說，「問」這個字最值錢，但並非絕對。當你拜訪客戶，對方在不斷介紹自己公司的時候，銷售人員要適當、含蓄地介紹自己。就像剛見面，銷售人員一定得先說話，才能展現自我。

第七步，就是再次開宗明義。當大家聊得很開心的時候，基本上和你的產品有所連結了，比如聊到他每一年要採購多少材料。這個時候你就可以說：「王先生，我這次來正好是要和你談這個事情的，你要是和我們合作，將來在這方面的困惑一定會少很多，在這方面一定會有很大的改善和改良的空間！」「王先生，您公司以前一年大概需要耗費多少此類材料？報酬率有多高？」

第八步就是導入提問，了解對方的問題、困惑或需求。這也叫 SPIN 銷售法，後面章節將有更詳細講解。

在電話中快速建立連結

銷售人員拿起電話，第一步就是寒暄招呼。為什麼有的人打電話被掛斷得少，有人打電話被掛斷得多呢？主要是因為有的銷售人員沒有按照人們接聽電話的心理來進行電話的銷售或溝通。

　　第二步就是自我介紹。我是 XX 公司的 XX。

　　第三步就是輕鬆互動。當對方口氣很好，你可以說：「哎呀，王小姐，您的電話聲音好甜美……」

　　在打電話的過程中，如果你一直很嚴肅地講，對方也會很嚴肅地聽，當你主動讚美，說一些笑話，將氛圍變得熱絡的時候，彼此都會很輕鬆。

　　對方有時候可能會問你打電話的用意，銷售人員可以告訴客戶：「王總，我們有個天大喜訊要告訴你！是這樣，我們有一個非常好的方法可以讓您公司節省原材料，大大降低公司營運成本！」用這樣非常簡短的話，把自己的好處介紹給對方。

　　在概括好處、利益之後，一般都會吸引住客戶想繼續了解，進入概述內容的環節，銷售人員一定要把最大的利益和好處在這時候說出來。比如說：「王先生，我們有一個好機會，抓住這次機會，你立刻就能賺錢！」客戶會問：「什麼好機會？」「我們在 xx 地方推出了一個新成屋，這個地段是獨一無二的，它靠近商貿中心，有很強的升值空間！」這個時候，不要傻乎乎地介紹產品的功能，而是要介紹好處，把最大的特色和賣點介紹出來。

　　這個時候客戶大多也會拒絕你，銷售人員不要輕易放棄，而是要想辦法解除客戶抗拒的因素。「李總，我知道你有供貨商了，正是因為你有了供貨商，我才找你的，為什麼呢？因為您有這方面的採購需求，我們產品和您原來供貨商也有很大的差別，更能實現您公司未能達到的要求！」客戶說：「我們不需要！」

「我知道您現在不需要，其實關鍵是您沒有了解到它的價值！您要是知道它的價值，一定就有興趣了！」

當客戶說：「不然你把資料發到我的信箱來，等我需要的時候再和你連繫！」這時候，銷售人員可以說：「王先生太好了，既然你願意看我的資料，表示還是有興趣的，王總，你也很忙，光看資料可能不夠清楚，並且也需要時間去看，你看這樣行不行，乾脆我明天上午過來拜訪你，我帶著樣品到您公司來，可以嗎？」

最後就是再次確認。「王總，那我們約好了，9 點鐘在您公司見面，不見不散！希望早日見到你！」

所以，銷售人員透過電話，逐步建立彼此的信任，達成約見拜訪的機會，這樣，銷售人員可以在見面會談中進一步建立信賴感，實現相關目標。

第 **8** 章
塑造專家的權威與印象

　　以前做推銷，只要關係好，嘴巴厲害就行；現在做銷售就不一樣了，不僅嘴巴要厲害，還要表現出專業度和權威感，因為今天相對過去而言，產品競爭更激烈了，你說你的產品好，對方都會懷疑，因為他不信任你。

　　但是如果你是一個專家，一個權威人士，給別人的感覺就不一樣了，你就更容易打敗你的競爭對手，征服客戶，所以，銷售人員需要學會建立專家與權威的印象。

學會點中對方「要害」

　　銷售人員要成為銷售某一產品的專家，根本來自於專業的素養和實力。當你對這個行業非常了解的時候，你說話的感覺就完全不一樣，你的專業形象自然而然地呈現在客戶面前。因為專業的感覺到了，氣場就到了。

　　你不僅要做到專業，還要能一針見血地點中對方的死穴，這樣，你往往更容易建立信賴感，而且還能塑造專家權威的印象。

　　我們拿算命先生來舉例，算命先生摸著對方的手說：「先生啊，你是個勞碌的命啊！」他是怎麼知道對方是勞碌命的呢？在他面前的那個人五體投地：「你猜得真準啊！我就是個勞碌的命啊！」為什麼算命先生能算出來呢？因為摸到他滿手老繭，他能不是勞碌的命嗎？算命先生透過這個線索一下子點中對方。來算命的，基本上都是某方面不順心的，所以算命先生能夠把對方的心思捕捉得很準。

　　然後算命先生接著說：「你這個人對人可是熱心腸啊，但是別人對你基本上是能坑就坑，能害就害！真正用心對你的人不多啊！」這樣說完，對面的人感嘆：「天啊，您真是活神仙啊，怎麼算得那麼準！我身邊的人都在害我，虧我對他們那麼好！」

　　其實算命先生說的這些話，基本上都會被對方認可，因為人們都會認為自己對別人很好，而別人對自己不夠好，因為沒有一個人在內心深處會否定自己的。

　　算命先生接著摸，然後說：「先生，你這個人在小的時候，

經歷了至少三次波折或災難啊！」這句話基本上會得到兩個答案，一個說不準，我一直很平安，這時候算命先生可以說你當時還小，不記得，不信可以問問你爸媽！如果對方回答確實經歷三次波折，那算命先生就剛好切中了要害。

　　所以，算命先生講的每句話都會讓人佩服，透過察言觀色，分析心理，幾句話就把對方折服了。算命先生才是典型的銷售高手，也是典型的心理學高手，而且還是溝通高手。

　　同樣，身為銷售人員，如果你能一下子點中客戶的要害，客戶也會由衷佩服你，進而會求教於你，這時候你再引導客戶成交就會順理成章。

打造一招制勝的殺手鐗

　　要塑造專家和權威的印象，就要學會打造自己的殺手鐗，在自己身上培養一種能一招征服別人的優勢，讓人感覺你是高手，所以銷售人員在業餘時間可以培養自己的愛好。

　　我有個朋友是做醫藥銷售的，他想把藥賣給醫院。醫院要採購藥品，需要經過兩個人的簽字，一個是藥劑師，一個是院長，兩個人簽字後，藥品才能順利實現銷售。

　　我這個朋友經常和我聊天，他說：「你們講師講課用的幻燈片，這是我最擅長的，平時不上班，我非常喜歡製作幻燈片，而且把幻燈片製作得非常漂亮，還有很多動畫，配上優美的音樂。」

我問他：「你一個賣藥的，研究這個東西幹嘛？」他說：「這不是你教的嗎！你想想看，醫院的院長也好，藥劑師也好，他們會經常做工作簡報，都要用幻燈片。他們經常做一些學術報告，需要上臺發表。這些人都需要幻燈片，我每次去拜訪他們，都不會拿出我的紙或筆記本，而是把電腦打開，把我做好的幻燈片放給他們看，用我的幻燈片為他們講解產品。他們看了會很驚奇，甚至很多時候不關注我的產品，但是很喜歡我的幻燈片，那些主任、院長經常打電話給我：『你的幻燈片做得那麼漂亮，我下個月要到上海去做個報告，你得幫我做個幻燈片啊！』當他們把資料給我的時候，我就很清晰地掌握了這個醫院的採購情況。他們讓我幫他做幻燈片，我們的關係就非常好了。這樣我就製造了一個被別人利用的價值！再將醫藥產品賣給他們就很容易了！」

使用客戶見證標榜自己

美國前總統小布希拜訪北京的時候，留下了一張啃玉米的照片。一位擺攤的大姐在報紙上無意看到了這張照片，就上網搜尋這張照片，然後把照片放大，做成海報，放在自己賣玉米的攤子旁邊，從這以後，她的玉米銷量增加了 3 倍。

如何塑造自己的殺手鐧呢？銷售人員要善於借助「靠關係」的思維，善於使用客戶的見證。一可以抬高你的身分；二可以讓對方吃下定心丸；三就是標榜自己。

　　我在很早之前做過房地產的仲介，曾從銷售起步到後來帶團隊。做銷售的時候，很多客戶找我買房子，在客戶要搬家的那一天，我就向主管請假，跑去幫客戶搬家，一般來說，客戶都會找搬家公司，我在旁邊就是隨便幫個忙，清理一下，打打雜，當他們把一切都安頓好了，一般都會小聚一下，吃個飯表示慶祝，幾杯酒下肚，大家都很開心的時候，我就從背包裡把我提前準備好的一張紙拿出來，我用電腦印了一句話在紙上：感謝小臧幫我推薦房子，升值空間很大，現在就已經賺錢了，小臧的服務態度和敬業精神太讓我感動了。後面就是落款，xx 集團董事長 xx。

　　我把紙推到他的面前，他一看就明白了，拿起筆就要簽字，這個時候，我就會看情況，如果對方非常開心，就說：「不要只簽字，在下半部分幫我抄一遍吧！然後再簽上你的大名。」一般客戶都不會拒絕，三兩下就寫完了。之後，我會拿起照相機，把我們在一起舉杯歡慶的場面拍下來，說是為他做一個美好時刻的留念，但是對於我來說，我有自己的目的，我會把這些照片和客戶抄寫的東西製作在一起，變成我的客戶見證，然後拿去照相館洗出來。

　　我經常收集這方面的東西並整理成冊，當下次再和客戶聊的時候，我就可以把我的冊子拿出來給客戶看，特別是在客戶猶豫不決、無法做出決策的時候，我拿出這些照片給他看，都能順利成交。

　　我們都知道，公司有廣告在做宣傳，產品有代言人在各大媒體播放，但是我們身為銷售人員，卻沒有自我包裝和宣傳。所以，銷售人員要學會借用別人的力量為自己代言，借助客戶見證的力量實現成交。

第 9 章
分析客戶特點，掌握背後需求

　　了解客戶的問題、困惑、麻煩、渴望，他在乎什麼，不在乎什麼，最後才談需求，因為今日客戶的需求已經發生變化了。客戶的需求可能更多是隱性的，如何才能發現他的隱性需求呢？那就要透過一系列的問話，發現客戶的困惑、麻煩、渴望，進而掌握客戶特殊的、敏感的、不為外人所知的深層需求。

不同客戶群，不同的溝通內容

　　銷售人員在和客戶進行溝通的過程當中，要思考以下問題：第一，我們如何才能比較容易地表達我們的思想？第二，我們如何比較容易地了解別人的需求？同時，在我們講話的時候，如何讓對方比較容易接受我們的觀點？

　　人與人之間進行溝通，為什麼有的人比較喜歡你，有的人不喜歡你？為什麼有的人比較容易接受你說的觀念，你表達的方式為什麼他比較喜歡，有些人表達的方式他卻不喜歡？主要原因是大腦接收資訊的方式不一樣。

　　我們從不同的角度對此進行分析，第一，他容易接收什麼資訊；第二，他比較認可什麼資訊；第三，在什麼情況下，他比較容易配合你，給予你什麼樣的回應。

　　如果把人的大腦按照它所追求的方向來界定的話，我們可以把人分為五大類：

- ◆ 家庭型；
- ◆ 模仿型；
- ◆ 成功型；
- ◆ 智慧型；
- ◆ 綜合型；

　　如圖 9-1 所示。

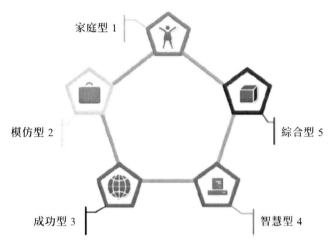

家庭型 1

模仿型 2

綜合型 5

成功型 3

智慧型 4

圖 9-1 透過價值觀分析客戶性格特質

　　有的人一生追求事業成功，有的人一生追求家庭幸福，但是你在和客戶溝通交流的過程當中，會發現，當一個人很關注家庭的時候，你和他談論事業的事情，他可能不太感興趣。很顯然，有的人追求家庭方面的話題，那麼你就需要多和他聊家庭方面的話題，有的人追求事業，你就要多和他談論事業方面的話題。

　　家庭型的人，性格往往比較溫和，平常的穿著打扮較樸素，精於生活，不事張揚，這種人通常平和、務實、低調。

　　什麼是模仿型的人呢？就是他想得到哪方面的東西，但是目前還沒有這種能力，於是便開始模仿他所要追求的那個人。比如，他希望讓他的家庭更好，於是他就模仿那個家庭融洽的人；他希望事業上有成就，於是他就去追求如何讓自己更成功。模仿型的人往往沒有那麼自信。

　　什麼是綜合型的人呢？就是這種人既有智慧，又事業成功，既在乎個人的成長，又在乎事業上有所追求。

　　但有的人就不一樣，穿著標新立異，做事很有衝勁，滿腔熱血，講話也很熱情，而且這種人追求的東西和別人不一樣，這是成功型的人。

　　有的人善於研究一些感興趣的話題，善於總結一些道理，比較喜歡研究歷史、哲學等比較深奧的東西，一般這種人屬於智慧型。

　　了解這五種不同性格的客戶之後，銷售人員如何去和他們溝通呢？遇到那種不太自信的模仿型客戶，你要顯得很自信，很優秀，越是不自信的人，往往比較認可眼前很自信的人。你越自信，身上所具備的東西越多，他越是配合你，認可你。所以遇到模仿型的人，講話要自信、堅定、霸氣，凡事要很肯定。比如，這個時候你可以說：「王總，你放心，我們的產品是最好的，目前在業界還找不出第二個！」

　　遇到成功型的人怎麼介紹？這個時候要講出差異化，比如說：「先生，我們的皮鞋和別的品牌的皮鞋就是不一樣，不管是在款式或舒適度上，與別家的鞋子都有很大差別！」

　　一般來說，成功型的客戶追求標竿，追求標新立異，追求特立獨行。

　　遇到智慧型的客戶，如何去溝通？這時候你不要談錢，不要談成功，而是要談能夠反映出一種身分，一種境界與智慧的東西，客戶往往比較感興趣。

　　遇到家庭型的客戶，要多談一些經濟實惠的東西，一些關於家庭方面的話題。

　　遇到綜合型的客戶，你既需要談一些人生哲理，又要談那些標新立異的話題。

　　銷售人員遇到不同的客戶，要採取不同的溝通方式。一個優秀的銷售人員需要不斷累積自己的溝通談判能力，需要學會判斷分析不同客源的性格特點，採取具針對性的溝通話術。

不同思維方式，不同激勵策略

　　從思維的角度來分析人的大腦，會發現差別很大，有的人聽了一些事情就相信了，這種人叫求同型，這類人很容易配合，相信別人。

　　有的人不一樣，你說好，他通常會懷疑這其中有問題，你說東，他會想到西。這種人的性格往往和他成長環境有關。有的人經歷過不少磨難，對很多事情不相信。當你說：「我們的產品是最好的！」這類客戶往往會表示懷疑，不會去購買。

　　有的人思維方式是先同後異，就是你講的東西，他會覺得不錯，先認可你，但是私下會有一些想法，或者在某些方面是認可你的，但是另外一些方面卻不認同你。

　　有的人思維方式是先異後同，就是先表示異議，然後會認同你。

　　遇到求同型的人，銷售人員在介紹產品的時候，可以這樣

說：「王總，我們的產品和您之前採購的產品都是一樣的，只是在某些地方做了一些改進！」

如果你發現客戶是個徹底的求異型，你說得太絕對，就會遭到別人懷疑。你可以這樣說：「王總，我們公司的產品雖然談不上最好，但是也絕不會差，在某些方面，它恰恰是你最需要的！」

遇到一個先同後異的人，銷售人員可以這樣說：「王總，我們的產品在這幾個方面和你原來用的產品都是差不多的，只是在另外幾個方面和你原來的產品有點差別，我們做了一些改進……」

遇到先異後同的，可以這樣說：「王總，我們的產品在很多方面和你以前用過的是不一樣的！比如這個地方……不過有幾個主要方面和你以前的產品倒是一樣！」

我曾經有個朋友，他很優秀，做銷售非常厲害，在公司總是能拿到銷售冠軍。他有個妹妹，在做銷售方面和他相比，就差得很遠。

妹妹大學畢業以後，做了好長時間的銷售員，都沒有做出業績。其實她本來不想做銷售，是被哥哥逼著做的，因為哥哥是做銷售起家的，希望妹妹像他一樣優秀。

好長時間做不出業績，妹妹居然怪罪哥哥，說：「你逼我做銷售，結果我天生就不適合當業務！」後來辭職不做了，怎麼勸她都沒用。這個朋友就過來找我，說：「臧老師，你是做銷售的，你整天激勵別人，我現在給你一個任務，我有個妹妹，現在越來越消極了，勸不聽，你幫我激勵激勵她！」都是朋友，我一口答應了。

沒過兩天，他就請我到他家吃飯，看見他妹妹，一臉鬱悶，

我就跟她說：「振作起來，妳還那麼年輕，又那麼優秀，那麼好的大學畢業的，做不好銷售算什麼！妳很棒，很優秀啊！」妹妹苦笑著說：「你別誇我好不好，你看我那麼優秀的大學生，到現在，畢業好幾個月沒做出一筆訂單，你說我有什麼用！」我說：「妳很優秀，只不過才能還沒有發揮出來而已啊！」妹妹說：「我哪裡優秀，你告訴我？」我被她問倒了！這才發現，我這個激勵大師也不管用啊！

　　就在我思考如何激勵她時，突然之間想通了，說不定她就是一個求異型的人，於是我立刻從口袋中拿出 3 枚硬幣：1 元的、5 元的、10 元的，往桌上一擺，「來，妳優不優秀，馬上見分曉！妳告訴我，這 3 枚硬幣有什麼關係？」妹妹很不耐煩地說：「有什麼關係，價值都不一樣，新舊也不一樣啊，顏色不一樣，擺放位置不一樣，發行日也不一樣！」我立刻明白，她是個徹底的求異型的人啊！

　　我說：「妹妹，別生氣，你哥一定要我過來激勵激勵妳，說實話，人這一生，每個人都不一樣，妳看妳哥，和妳一樣的大學，一樣的家庭環境，但是卻很優秀，妳看妳，也不能說不優秀，但是至少一直沒有表現得讓大家滿意，對吧？」她不吭聲。我接著說：「每個人天生命不一樣，有時候不要太計較，即使不像妳哥那樣成功，不也是過一輩子嗎？成功有什麼好，有錢有什麼好！生不帶來死不帶去，人活著怎麼樣都行，像妳這樣，我覺得蠻好的！說句不好聽的話，有些人天生就不能成功！」這時

候，我就發現妹妹的臉色不一樣了，滿臉憋得通紅說：「你怎麼這樣說話呢？我哪裡比不上別人了，我為什麼不能成功？」

最後她這樣說：「我跟你打賭，3年之內一定向我哥看齊！」然後她把哥哥叫出來說：「哥，當著你們兩個的面，我告訴你們，我一定會振作的，一定會衝刺成為公司的銷售冠軍！我明天就去找工作！」

所以，針對上面求異型的妹妹，我採用反向激勵，一下子就刺激到她，將她的內心潛能激發了。

不同的資訊接收方式，不同的回應話術

有的人收集資訊靠眼睛，有的人靠耳朵聽，有的人則憑藉一種感覺。透過收集資訊的不同管道和方式，我們可以將人分為聽覺型、視覺型和感覺型。

那我們怎麼區分對方是哪種類型呢？視覺型的人講話聲音比較大，很陽光，說起話來滔滔不絕，做事大而化之。

聽覺型的人，講話聲音比較小，說話娓娓動聽，聲音聽起來很舒服，一般沒有什麼動作，就算有，動作幅度也不是很大，他們比較含蓄、內斂，說起話來有一種高貴典雅的感覺。

感覺型的人講話聲音比較粗，比較低沉，需要停頓跟思考，幾乎沒有動作，但是他和聽覺型的人不一樣，感覺型的人大多喜歡在交談的時候把玩東西，這樣會給他更多的安全感。感覺型的

人講話比較慢，做決策也比較慢。

如果是一個視覺型的人來買東西，你講話聲音要大，動作幅度要大，要有熱情，因為他最容易透過視覺收集資訊。

遇到聽覺型的人來買東西，你的聲音應該相對小一點，假如你是賣車的，就讓他去試車，把音樂打開，說：「王先生，如果在夕陽西下開著這款車，一路風光旖旎，你聽著音樂，一輪霞光從車上灑過，那是多麼美好的生活啊！」

每個人不絕對是聽覺型的，也不絕對是視覺型，更不可能絕對是感覺型的。一個人可能以視覺為主，也可能以聽覺為主，也有可能以感覺為主。

我有個學員，他的老婆整天抱怨，認為他不愛她，經常和他吵架，這個學員說：「天地良心啊！我怎麼不愛她了啊！她從頭到腳，珍珠、瑪瑙、黃金、鑽石，哪個不是我買的！」而他老婆卻說：「珍珠、瑪瑙、黃金、鑽石確實蠻值錢，但是用錢能解決的叫愛情嗎？」

這意味著，他的老婆天生不是視覺型的人，不是用看得到的東西就能影響她的人。我說你測試一下，你老婆到底是什麼樣的人，結果他說應該是我描繪的那種聽覺型的人。

我說太好了，你根本沒有必要花那麼多錢，你只需要做到這幾點：每天上下班對她說一聲「我愛妳」，在外出差經常打電話說「我想妳」，她過幾天一定會改變態度。他按照我所說的去嘗試了，果然，老婆對他的態度不一樣了。

　　聽覺型的人，更容易相信聽到的東西，所以好聽的話能夠很容易進入他們的內心世界。

　　和客戶溝通時也是這樣，了解對方是怎麼樣的人，才能有的放矢，溝通的時候才能獲得客戶的認可。

不同性格特點，不同談話方式

　　善於分析一個人的性格，然後針對他的性格進行區別性的溝通，往往效果會很好。我們從理性以及主動兩個向度進行劃分，可以將人分為以下四種性格，如圖 9-2 所示。

圖 9-2 四種性格

　　這四種性格分類對於銷售人員有什麼幫助呢？當你知道對方是什麼性格的人，你與他進行同質溝通，效果往往比較好。

　　完美型的人善於思考，善於總結，非常聰明，對很多事情追求完美，做事比較謹慎，對安全性要求較高。

　　完美型的優點在於做事有系統、全面，追求完美，很多策劃性的工作，他能想得很周全。缺點在於做事較慢，容易猶豫不決，同時膽量比較小，顧慮較多。除了對自己要求苛刻外，對別人的要求也比較嚴格。

　　力量型的人比較主動、積極，同時注重結果，相對來說，也更加現實一些。

　　力量型的優點是做事有魄力，主動，說做就做，情感性的東西偏少，可以成為開拓型的人。缺點是獨斷、自大、自負，有時候會目中無人，不好相處。

　　孔雀型的人陽光、活潑、幽默、輕鬆，在哪裡都是活寶一個，有了他，大家就很開心。不足之處在於有時候考慮問題不周全，今天講的事情，明天可能就忘記了，經常承諾經常變，想到什麼做什麼，缺乏系統。

　　和平型的人很和善、平易近人、真誠、樸素，不和別人爭強好勝。這類人比較好相處。缺點在於膽量偏小，凡事不太敢承擔責任，喜歡躲避，不太愛追求結果。

　　性格沒有最完美的，也沒有最差的，關鍵是你如何分析對方性格，針對性地溝通。

　　如何區分性格呢？從表情上來看，如果一個人比較嚴肅，不苟言笑，這種人往往是偏老虎型或者完美型的。如果表情嚴肅，但是放得開，比較粗線條，這種性格偏向老虎型，如果一個人臉上表情拘謹，又喜歡深思熟慮，這種人的性格偏向完美型。

　　如果一個人的表情豐富，比較慈祥、平和、感性，那他基本上偏向於活潑型。如果一個人很感性，又偏向安靜、慈祥、平和，這種人的性格一般屬於和平型。

　　從動作上來看，老虎型的人很有力量，有熱情，比較穩重。如果有熱情但是很活潑，則屬於活潑型或孔雀型。如果你發現一個人做事比較慢，穩重安靜，他要麼就是完美型，要麼就是和平型。一般而言，做事很有力量、具體，按部就班，有些呆板和拘謹，偏向於完美型。和平型相對來說比較安靜，但是又有一種感性。

　　從穿著上來看，老虎型的穿著偏休閒，想怎麼穿就怎麼穿，但是一般不會隨便穿，因為既要體現出自我的自信和霸氣，同時又不想被衣服拘束住，所以穿得比較正式，但是相對而言是屬於休閒型的正式。

　　從頭到腳完美無瑕，頭髮、領帶、襯衫一絲不苟，非常講究的人，一般都是偏完美型。

　　衣服五顏六色，樣式比較活潑，穿衣服有一種跳躍感且鮮亮多彩，這類人一般屬於孔雀型。

　　穿衣樸素，不過分講究的人，一般偏向於和平型。

從說話內容上我們也能很容易分析出一個人的性格特點。比如你問：「中午去哪吃飯啊？」老虎型的人可能會比較直接，簡潔明了，沒有任何廢話，直接說：「真功夫！」完美型的人可能會說：「我昨天去真功夫吃的麵還不錯，但是不能天天吃麵，今天想吃飯，這附近有一家川菜館，環境很好很乾淨，味道也不錯，服務又棒，要不然我們去那裡吃？」

活潑型的人可能會說：「哎呀，又到吃飯時間啦，你想吃什麼？要不然我們去真功夫吧！哦，還是不去啦，昨天去吃過了，要不去吃川菜，我跟你說，上次我和小張去吃川菜，還發生一件有趣的事情……」活潑型的人一般話比較多，講起話來滔滔不絕。

和平型的人可能會回答：「都可以啊，你想去哪裡吃？」和平型的人話不多，不太喜歡自己做決策，比較隨意平和。

一般來說，老虎型的人以結果為導向；完美型的人以過程分析為導向；活潑型的人以活潑、高效率為導向；和平型的人以關心、和諧為導向。

銷售人員遇到不同風格的客戶，如何進行溝通呢？遇到老虎型的老闆怎麼辦？遇強則弱，遇弱則強。和老虎型的人溝通的時候，介紹產品不要有太多的廢話，直奔主題，三言兩語能說得清楚的就盡量簡潔表達，最重要的是突出價值：我們合作有什麼好處，不合作有什麼壞處。最後要讓客戶決策，你不能幫他做決策。

　　如果是遇到完美型的客戶，你需要準備充分的材料，包括數據報表，客戶見證資料、產品說明等，因為這類客戶非常理性，對事物的分析很全面，幾乎是在對事物有百分之百把握的情況下才會做出決策，所以你需要做的就是提供充分的證據證明自己所言非虛。當然，銷售人員也要學會引導客戶進行分析，幫助他分析。

　　如果你遇到和平型的領導人，如何溝通呢？不要講得太複雜，太複雜對方可能不容易明白，要多講一些故事，塑造情景，強化感情。銷售人員需要和這類客戶建立良好的信賴感，然後幫助他做決策，經常為對方提供一些好的意見或方法。

　　如果遇到活潑型的客戶，銷售人員需要學會和客戶打成一片，在一起談心的時候，他一般都能做出有利於你的決策。

　　如果你是銷售經理，銷售團隊怎麼帶？比如你遇到一個老虎型的下屬怎麼辦？你在安排工作的時候不應該壓制他，因為老虎型下屬喜歡管別人而不喜歡被別人管，所以遇到這種情況，你要少設立一些限制性的規定，要多鼓勵，多欣賞，老虎型下屬就會瘋狂往前衝。比如，你問：「你這個月目標多少？」「50 萬！」「我覺得以你目前的水準還可以繼續向上挑戰，我看好你！」「那好，我定 65 萬！」對這種類型的銷售人員要多鼓勵，讓他有更多目標，老虎型下屬是不服輸的個性，他喜歡爭第一。

　　如果你遇到的下屬是一個完美型的人，你不要給他施加太多的壓力，因為他給自己的壓力就很大了，你不要動不動就打擊

他，要多和他溝通，讓他釋放一些壓力。

遇到活潑型的下屬怎麼辦？這種人非常適合做銷售，但是缺點是缺乏邏輯思維，所以要讓他學會系統性地總結，嘗試用一些管理報表來規範他的行為。

總之，每個人都有自己的性格特點，我們不能一概而論。總體來說，每個人的性格特點都會偏重某一方面，要麼偏老虎型；要麼偏和平型；要麼偏完美型；要麼偏活潑型，銷售需要靈活，有針對性地開展工作，這樣才能有效掌握客戶的需求，建立更好的信賴感。

第**10**章
透過問話精準掌握客戶需求

　　需求是客戶對生活或業務的期望。客戶對目前現狀不滿意，對未來又有夢想和渴望，這兩者之間的差距就是銷售人員存在的價值。客戶真正的需求永遠隱藏在內心最深處，銷售人員要發掘客戶需求，透過問話進行發掘是一種最好的方式。

捕捉資訊，精準掌握客戶需求

醫生為病人看病，如果不能知道對方的病因，直接開藥方，那就是在「害人」。所以如果沒有掌握客戶的需求，銷售效果往往都不好。如何了解對方的需求，抓住銷售機會呢？

第一，銷售人員拜訪客戶之前，要了解客戶資訊。包括查閱對方公司網站，請教朋友該客戶的有關情況，查閱該公司的宣傳資料等，總結相關資訊，掌握客戶大概的需求是什麼，可能關注哪些方面的議題。

一般來說，小公司採購，往往比較關注價格；大公司採購比較關注品質、品牌。我們在拜訪客戶之前，要大概推測出他有哪些需求，在與客戶的溝通過程中，不斷地發掘客戶更多的需求。

第二，在與客戶的溝通過程中，銷售人員需要更加精準地掌握客戶的需求。當銷售人員與客戶建立一定的信賴關係之後，發問是一種非常好的方式。

第三，拜訪之後，銷售人員要及時總結。根據之前拜訪中的問和聽，做一份較為詳細的紀錄，對相關資訊進行梳理分析。根據這次拜訪，我們了解到客戶的需求是哪幾點，比較關注哪些方面，如圖 10-1 所示。

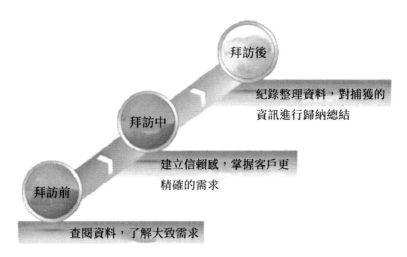

圖 10-1 客戶拜訪如何捕獲對方需求

用開放與封閉式問話，找出需求

　　銷售人員在與客戶進行溝通的過程中，如何透過發問來發掘客戶需求呢？發問有兩種形式，一種是開放式問話，另一種就是封閉式問話。

1. 開放式問話

　　開放式問話的目的性主要有以下幾點。

- ◆ 建立一種信賴感。比如，剛開始你可能會問：「王總，您是哪裡人？」

- ◆ 了解對方的需求。比如：「購買這種產品，您通常比較關注哪些點？」「王總，您覺得採購的品質如何？」

- 了解客戶的決策模式和價值觀。比如：「王小姐，您通常是喜歡流行款式呢？還是比較有個性一點的衣服呢？」
- 了解客戶的抗拒點。比如客戶不喜歡什麼，不希望出現什麼情況。

開放式問話是為了更加全面地了解對方，開始時用的比較多，因為銷售人員不太了解對方的情況。之後是在想更加了解對方的時候使用，以及為了釐清一些特定事項而使用。

需要注意的問題是，第一，開放式問話不要問得太複雜。第二，不要偏差太大。第三，不要連著問，像審訊一樣，會讓對方感覺不舒服。第四，一些敏感的問題盡量少問，或者有鋪排地問。比如，「王總，其實為了讓我們合作得更加愉快，為了讓報價方案更加適合你們公司，我們是做了不少努力的！因為針對公司的不同需求，我們的報價不一樣。有些客戶對產品品質要求非常高。針對不同的客戶群，我們各個產品的價格不一樣。為了讓彼此合作順暢，王總，我想了解一下，您這次的預算大概多少？」第五，開放式問話一定要避免東一句西一句，盡量做到環環相扣。從大到小，慢慢推進；第六，在發問的時候，盡量引發對方的興趣。如果對方失去了興趣再發問，客戶就不願意和你真心交流了。

人們在無利益的情況下進行溝通，一方面是為了炫耀自己，另一方面是為了訴苦。在有利的情況下，一方面是為了獲得利益，另一方面是為了逃避責任。

開放式問話問完之後，你要善於總結和思考：第一，思考哪些是真的，哪些是假的。第二，思考話語中背後的東西，對方的真正動機是什麼。

銷售人員在回答對方問話的時候，千萬不要直接回應對方，尤其是在你還沒有確定對方想表達什麼意思的時候，最好不要簡單地直接回應，因為他給你的答案本身可能就是錯誤的。所以我們和別人溝通的過程中，在給對方回應時，要適當停頓一下。一方面是為了充分思考，另一方面是顯得成熟。說話習慣脫口而出的人，往往很難成為高階主管。

2. 封閉式問話

什麼是封閉式問話？封閉式問話就是留給對方選擇性的答案，比如是還是不是，對還是不對，是這個還是那個等等。

封閉式問話的目的是為了確定一個說法，鎖定或確定一個訊息。比如，「張先生，根據我們剛才的交談，我覺得您是一個喜歡深究來龍去脈的人，您說是嗎？」對方只有兩個選擇，並且大部分答案會回答「是。」「根據剛才的交談，我覺得您很注重產品品質，您說是嗎？」

這個時候你可以更加詳細地了解客戶需求，還可以配合開放式發問，進一步了解情況，「王總，您認為怎樣的品質才算好呢？」對方說：「很簡單，經過 ISO9001 認證，經過我們行業的 xx 認證，並且機器保證在一年之內不出現任何問題！」「我明白了，您對品質的認可要符合兩點：第一，要經過兩個認證；第二，一年之內不

出現任何問題。對嗎？」「是的！」「那太好了，我們公司賣出了2,000 臺這樣的設備，到目前為止，兩年內沒有一臺機器出問題，同時我們獲得了國際、國內標準認證，還獲得產業內的認證。您看一下，這是相關的影印資料以及客戶反饋情況！」

封閉式問話什麼時候用？第一，鎖定需求的時候，在後期確定他的需求，確定關鍵點的時候。第二，偏離主題的時候，比如很多銷售人員在和客戶聊的時候，可能天南地北聊得很遠了，你可以透過封閉式問話把話題拉回來。比如，「王總，不好意思，我們一開心居然聊到家庭的問題，剛才我想問的是，您覺得貴一點的產品利潤高呢，還是便宜一點的？」第三，成交的時候。

比如「王先生，您想訂一個還是訂兩個？」「您是刷卡還是付現金？」封閉式用得好，可以發揮很強的引導作用。

我之前開公司，有一個小夥子做銷售很有潛力，但是才做了3 個月他就要離職，恰恰是這種封閉式的問話幫我留住這個小夥子，後來為公司創造了源源不斷的業績。

這個小夥子很有熱情，很有幹勁，我剛開始創業的時候，他來面試被我錄用了。我的公司有個規定，銷售人員進公司，前 6個月無底薪，但是抽成很高。

他進來做了幾個月，沒領到薪水，實在做不下去了，就要離職。我說：「小劉啊，你讓我很失望！你知道什麼原因嗎？」他說：「我不知道！」我說，「那個時候，那麼多人過來我公司面試，大部分的人都沒錄取，唯獨把你和小張、小李三人留下了，

你知道為什麼嗎？因為我覺得你們是有衝勁、有夢想、有野心的人，我喜歡和有衝勁的年輕人共事！小劉，你告訴我，你現在還有夢想嗎？」

他說：「臧總，我夢想依然存在！」我說：「好，那你告訴我，想要實現夢想，你有人脈關係嗎？」他說：「我沒有！」我問：「你有背景嗎？」他說：「沒有！」我說：「你我都沒有背景，沒有關係，想要活得更好，那只有依靠自己的能力，你說對嗎？」他說：「對！」我說：「當務之急不是賺錢，最重要的是迅速提升自己的能力，對吧？」他說：「對！」「那你告訴我，你在我們公司這 3 個月，能力提升得快不快？」他說：「當然快！」

「那我問你，你覺得條件好的公司讓你成長更快呢？還是條件差點，有挑戰的工作，成長更快呢？」他說：「當然有挑戰性，成長更快！」「那你說我們公司和別的公司有什麼差別？」他說：「好像也沒什麼差別！」我說：「我們公司前 6 個月沒有底薪，別的公司有底薪，這就是差別！所以，假如你去一家底薪較高的公司上班，你認為自己成長能有多快呢？」他說：「我也不知道。」我說：「一個成功的人，在面對問題的時候，是應該逃跑呢？還是繼續堅持？」他說：「當然是繼續堅持！」我說：「今天你走了，那就是逃跑，成功還是離你很遠，今天你堅持了，挺過難關，成功也會離你更近了。」他說：「臧總，我知道了！」還沒說完，就把辭職信撕了，繼續上班了！

透過上面案例可以看出，我是用相應的話術和技巧把他留住

了，但這並不是最終的目的。有人說，老師，你這樣不是在對他撒謊嗎？我們永遠要記住，撒謊不在於撒謊本身，而在於撒謊的真正目的，你的目的是為了幫助別人，是為了讓對方面對困難，頂住壓力，堅持到底，這就不叫撒謊，這是善意的謊言。

後來，我教會了他很多，遇到困難就迎面而上，培養了他堅韌不拔的意志力。後來他也戰勝各種困難，工作 3 年，就開了自己的公司，並且還買車買房了。

銷售人員如果真的相信自己的產品好，並且用你的專業消除了客戶的反對，我們在很大程度上是幫助了客戶。所以想要說服客戶，就必須把自己的口才練好，把封閉式問話練好了，對口才的提升有很大的幫助。

假如最近員工很辛苦，都在加班，老闆說：「今天晚上加班！」你發現雖然自己不想加班，還是得聽老闆的。如果運用封閉式加開放式的對話，再加上自己一定的演繹能力，我們也很容易說服老闆不加班。

「王總，我完全認同你的觀點，我也覺得我們事情多，確實應該加班。王總，你有沒有發現最近大家的狀態好像大不如前啊？」王總說：「有嗎？」「你看，業績最好的老劉，白天上班都在打哈欠了！還有小張都累倒了，今天請假，還在感冒發燒呢！王總，其實加班是一定要的，可是適當的休息也是為了更有效地工作，如果他們白天上班，晚上再加班，體力不夠。最後會發現每天都很忙，但是忙得沒有效果，王總，您覺得是不是？」

「嗯，是啊！」

「王總，適當的休息一下也是蠻好的！第二天大家精神百倍地上班，更有效率，這樣才能衝刺更高的業績，你覺得呢？」「嗯嗯。」「王總，那您覺得是早點休息還是晚點休息？你看大家加班好幾天了！」「那就早點回去休息吧！」

封閉式問話有多種形式，第一種就是促成成交的封閉式問話，比如，「王先生，那就這麼決定了吧！」這就是絕對式封閉式問話。

第二種就是二選一的問話，比如，「王先生，您想先買一盒呢？還是買兩盒？」

第三種是限制性封閉式問話，就是在前面加了很多限制性的東西。比如，「王先生，為了讓我們有更好的合作，你看針對這個問題，我們還是早一點決定吧？」

銷售人員要思考，我們往往越是想強調自己的觀點，別人往往越不認可，這是因為人們不希望被別人說服，只能被自己說服，我們所做的只能是影響或引導別人。這也是為什麼要用那麼多問話的原因，實際上都是在引導客戶自己說服自己。

用開放與封閉式問話，引導客戶成交

在明白開放式和封閉問話的目的之後，我們還需要靈活掌握兩種問話方法，首先從一個小故事講起。

一個老太太去買李子，有 3 個賣李子的，第 1 個小販說：「大媽，我這個水果是剛剛進貨的，很新鮮，有酸的，有甜的，大媽，您要不要買一點！」

　　老太太沒有做任何的回應，一直往前走，到第 2 個小販面前，第 2 個小販說：「大媽，買水果啊？」「嗯。」「大媽，您是想吃酸點的，還是想吃甜一點的？」「酸一點的。」「我們這有酸的李子，很好吃，酸的也分好幾種，有非常酸的，也有普通酸的，您想吃哪一種？」「我想要非常酸的！」於是，小販拿了一個給老太太品嘗，說：「大媽，您先嘗一嘗，買不買不重要！」老太太一嘗，臉都快變形了，感覺酸得夠味。小販順帶說：「您想買一斤呢？還是買兩斤？」大媽說：「那就買一斤吧！」

　　老太太拿著李子往前走，在第 3 個小販面前，小販熱情地說：「大媽，您買李子了啊？」「是啊！」「您買李子給誰吃啊！」「給我兒媳婦吃！」「兒媳婦喜歡吃酸的啊？」「對，兒媳婦懷孕了！」「大媽，恭喜您啊！快要抱孫子了啊！」「嗯！」「大媽，兒媳婦懷孕，營養對她很重要啊！孫子將來要生的白白胖胖，又聰明，眼睛要水汪汪，小臉要好看，得吃一些維生素，水果裡面有豐富的維生素，再加上有豐富的水分，要多吃啊，將來孩子生得漂亮又健康！」「我也不知道什麼含維生素多。」

　　「大媽，現在電視上都說，孕婦要多吃一些綠色的水果，孩子會更加健康、聰明！搞不好還能生出一對雙胞胎呢！」老太太哈哈大笑，問：「那你說哪種綠色的水果好啊？」「奇異果啊！

大媽，奇異果營養豐富，富含各種維生素，同時，孕婦吃了，小孩很容易吸收。您先嘗一下，很好吃的，我們新進的奇異果，嘗一下，看新不新鮮？」結果老太太嘗了一下。「大媽，這個東西多吃好，搞不好，您兒媳真的給您生對雙胞胎呢！」老太太很開心，很快又買了兩斤奇異果。

從第 1 個小販的對話我們發現，他只是在講解他的產品，這叫產品的推銷員，或叫產品的講解員。第 2 個小販比第 1 個小販進步了，透過問話「您是喜歡吃酸點還是甜點的？」這種限制性的封閉式問話，逐步鎖定客戶的需求，然後根據客戶的需求推薦適合客戶的產品，這就成了專業的銷售人員。但是我們發現第 3 個小販更加優秀了，他不僅能透過發問了解對方的需求，而且還能了解對方需求背後的動機。比如，他問：「買李子給誰吃啊？」進而知道買李子是為了給兒媳婦吃，給兒媳婦吃也不是真正的目的，而是為了兒媳婦肚子裡的孩子。

所以銷售人員在開展銷售工作時，不僅要找出客戶的需求，還需要發掘客戶需求背後的動機，因為只有掌握需求背後的動機，才能擴大需求，引導需求，提供周到的服務方案，幫助客戶解決實際問題，這就是更高深的銷售人員，也可以說是顧問式銷售人員。

那麼怎樣才能問出對方更加深層的需求呢？我們可以採用以下問話模式。

1. 收集對方購買的關鍵點

如何收集對方購買的關鍵點呢？就像買一臺設備，有人重視品質，有的人重視服務，也有人重視價格。銷售人員透過發問就可以掌握客戶的購買關鍵點。「王先生，您買影印機時，最重視哪幾個要件呢？是品質、服務、品牌，還是價格呢？」

2. 了解客戶購買關鍵點的順序

客戶購買產品，關注的點可能很多，但是總會有一個特別重視的，然後是次要關注的。因此，你可以進一步發問，掌握客戶購買關鍵點的順序。比如：「王先生，您剛才說到房子，價格很關鍵，房型也很關鍵，地段也很重要。說實在話，王先生，這個房子不可能每一個條件都滿足你，為了幫助你更快買到合適的房子，我想問一下，你最關心的是哪一點呢？」

3. 了解客戶購買關鍵點的定義

客戶告訴你購買的關鍵點，但是你獲得的資訊並不是精準的，客戶說的關鍵點有時候與我們所理解的有很大偏差。銷售人員要掌握更精準的資訊，就需要學會進一步發問。

有這樣一個小故事，名叫《公主的月亮》。從前有一個皇帝，他有個特別寵愛的小公主，小公主有什麼要求，皇帝都會想辦法替她辦到。

可是有一次，小公主跟皇帝鬧彆扭了，小公主要天上的月亮，這皇帝爸爸能不能把月亮給她呢？當然給不了，那怎麼辦？

　　小公主得不到就一哭二鬧三上吊。最後公主當然沒上吊，但是生病了，這一病可慘了，躺在床上好幾天，而且越來越嚴重。皇帝爸爸非常著急，於是立馬召集群臣，獻計獻策。

　　這時候武官來了，說：皇上啊，月亮怎麼可能摘下來啊！況且就算摘下來了，那麼大個東西，又怎麼搬回宮啊！然後文官來了，說：皇上，如果把它搬回來，那又該放在哪？太大了，沒地方放啊！文官武官紛紛出意見，都說不可能做到，誰也解決不了問題，女兒的病還是治不好啊！該怎麼辦？

　　群臣解決不了，就在全國張貼皇榜，告示寫了，誰能解決這個問題，就封官加爵封地。之後，有一個宮廷的小丑，把皇榜揭下來了。皇帝看到終於有人揭皇榜了，自然很高興，但是一看是小丑揭的，沒抱什麼希望，最後實在是沒辦法，就算只有萬分之一的希望，也得試一下。

　　於是宮廷的小丑被帶到公主面前，宮廷小丑說：「公主，妳想要什麼？」公主說：「想要天上的月亮！」「那月亮是什麼樣的？」「天天晚上出來的月亮，你還不知道嗎？」「那月亮像什麼呢？」「月亮就像圓盤啊！」「什麼顏色？」「金黃色的！」……然後公主就開始具體描述月亮是什麼樣子，有多大，什麼顏色，什麼形狀，厚度等等。

　　小丑一聽就明白了，原來這就是公主心目中的月亮，於是他請工匠做一個像圓盤一樣、金燦燦的月亮送給公主，公主果然很開心，病一下子就好了。

　　之後，文官又說了，不好啊，皇上，如果天黑了，公主一看天上的月亮還在，還會生氣的，肯定還會生病的啊！

　　怎麼辦？武官說，那我修一堵牆，讓她看不到月亮。皇帝後來思來想去，還是覺得不行，最後下旨，又把小丑叫回來了。

　　小丑走到公主面前，又問她說：「公主，天上的月亮我幫妳摘下來了，可是到晚上它又出來了，妳說這是怎麼回事呢？」公主說：「你這個笨蛋，你看牙掉了一顆還能長出來呢！何況是月亮呢，它又生了一個啊！」

　　這就是公主心中的月亮。

　　透過這個故事，我們明白每個人都是不一樣的，你認為重要的，別人不認為重要，你認為對方的需求應該是那樣的，但是對方自己的需求卻是這樣的，因為每個人的判斷標準不一樣。

　　銷售人員必須掌握客戶購買關鍵點的定義，比如，「王先生，您剛才談到車子品質要好，您認為什麼樣的車子才算品質好呢？」「王先生，您認為社區必須管理好，那什麼樣才算管理好呢？」

　　銷售人員對客戶購買關鍵點掌握得越準確，達成目標的機率就越大。因為明確就是力量，清晰就是目標。

4. 了解客戶購買關鍵點背後的現狀

　　了解客戶購買關鍵點背後的現狀，你才能真正解決客戶遇到的問題，才能順利成交。

　　我以前長期講課，各地到處跑，有天不知道怎麼搞的，可能

是沒注意，褲子上黏了一小撮口香糖，口香糖在褲子裡，揉的時間長了，被揉進了布絲裡面了。我回到酒店，反覆洗，就是洗不掉，可是明天要講課，也沒有帶別的褲子。

我洗了半天沒洗掉，後來看見我的刮鬍刀，於是就拿起刮鬍刀，在上面輕輕刮一下，發現效果不錯，就刮了幾下，確實有用，可是還能看到一圈的陰影在那，我希望盡善盡美，於是就反覆刮。啪，一不小心，刮出一個洞了，這下完了，我 30,000 多元的定製西褲，被刮爛了！

我在想怎麼辦？這個褲子的花紋和上身穿的西裝是一套的。所以我必須找到一條和上衣一樣花色的褲子，方便明天上臺講課。

於是我去商場找，一個小女生為我介紹了很多西褲，這個比較好，那個適合你，其實她根本不知道我最終的目的是什麼，我最終只是想找一條西褲，花紋和我的上衣顏色一致的，價格已經無所謂了，也不在乎質料，只要顏色和上衣一樣，適合我穿就好了。

可是這個小女生介紹了半天，只是問我想買什麼衣服，也沒有了解我真正的需求，更談不上了解我背後的問題、困惑或麻煩。

其實，人們買東西，看起來表面需求好像都是一樣的，實際上深層的需求根本不同。所以，這就看銷售人員善不善於發掘客戶背後的需求了！

我一個好朋友想買車，問我應該買什麼廠牌的車才好。我說：「你這麼年輕、帥氣，買輛 Land Rover 吧！跟你的身分也比較搭配。」他很贊同，也很用心，把各式各樣荒原路華的款式都研究了一遍，後來終於選中了一款，告訴我他下個月要買。

　　快要過年的時候，他真的買了一輛車，打電話給我說：「老臧，我買車了！」我說：「你開來我看看！」結果他開了一輛賓士過來，我很訝異地問他：「你怎麼買賓士啊！不是說要買 Land Rover 嗎？」他說：「我想來想去，還是買賓士比較好！」我問：「為什麼？」他說：「過年了，我要回鄉，鄰居一看我的車，就知道是賓士，我要是開 Land Rover 回去，那是英文，他們也看不懂啊！還以為我開著一輛吉普車呢！」

　　從上面可以看出，他的深層需求和表面需求是有一定差別的，深層需求是在彰顯自己的身分和地位，而表面需求就是買一輛高檔車。

　　銷售人員賣東西給客戶，知道客戶背後深層的目的是什麼嗎？絕大多數銷售人員都不太清楚，世界推銷大師喬‧吉拉德曾說：「客戶不買你的產品，是因為你不夠了解他！」如果你很了解客戶，那麼就很容易拿下訂單。

5. 了解客戶購買關鍵點背後的理念

　　了解客戶購買關鍵點背後的理念非常重要，因為它直接影響了客戶的購買動機。

　　比如，銷售人員說：「先生，您說過要買房子，社區管理要

嚴謹，我想問您，如果有個房子，價格、地段都不錯，環境也很好，管理也不差，但是可能沒有達到您所說的那麼嚴密，您會考慮嗎？同時我想問您，為什麼那麼看重社區管理呢？」

客戶說：「很簡單，因為我家裡有兩個小孩，一個 2 歲，一個 5 歲，都是保姆帶的，我們夫妻兩人都在上班，但是保姆年紀大了，小孩正是調皮的年齡，他們到處亂跑，保姆也跟不上，萬一出了什麼問題怎麼辦？」

從上面這些話，我們可以了解客戶購買需求背後的現狀和理念，客戶購買房子，更重要的意義在於孩子能夠有個安全、健康、舒適的生活環境。

「先生，你好像跟我說過要找個住戶素質高的社區！我想請問，你對這點很在意嗎？」他說：「當然很在意，你應當知道一件事情，窮人和富人最大的區別是什麼？是生活圈，對嗎？所以一個孩子從小生活在富人區或窮人區，你認為他將來的思想、觀念、價值觀、氣質會相同嗎？所以我想讓我的孩子從小生活在富人區，他的朋友們都是有錢人家的孩子，你理解我的意思嗎？」

從上面的話，我們又可以看出，客戶很在意社區的級別，但是他背後的理念是窮人和富人的差別，那就是物以類聚這樣一個觀念。

有銷售人員會質問，花那麼多時間去了解那麼多幹嘛？很簡單，一切都是為了後面的成交做準備。

我們想說服一個人，必須要用對方能接受的觀念去說服他，

比如上面客戶提出了一個觀念，那就是窮人和富人最大的差別就是圈子的不同。如果我推薦一個房子，他又說價格太高了，那我們就可以利用他之前的觀念說服他：「先生，價格高，那正是我們選擇的理由啊！您想想看，能在這個社區生活的，都是什麼人，你的目標是要選擇一個高級社區，為孩子營造一個良好的環境。便宜的社區往往很少有錢人住啊！」

6. 了解客戶購買動機的核心價值觀

什麼是核心價值觀？舉例來說，我們買隻手錶，到最後是買什麼，高級的手錶買的是報時功能嗎？顯然不是，我們買的是成功、地位、身分、卓越感；如果一個人買房子說要買有落地窗的，很顯然，他不是為了買落地窗，而是為了買開闊的視野這一心理感受。

一個人買車不斷詢問安全氣囊的問題，很顯然他要的是安全感。所以你會發現，人們在購買東西的時候，他真正深層的原因，並不是那個購買關鍵點，也不是背後的動機，而是購買關鍵點帶給他的感覺。

一個客戶要買一輛紅色的跑車，她買的只是紅色跑車嗎？她買的是一個「炫」字。老公買化妝品給老婆，只是為了買化妝品嗎？不，他可能是希望老婆變得更美。客戶買東西，往往很大程度上並不是為了買功能，而是買內心的感覺，所以，銷售人員一定要掌握客戶購買動機的核心價值觀。

第 *11* 章
挖痛，讓客戶非買不可

　　為什麼有的客戶始終不願意購買產品或服務，因為客戶還沒有體會到這個產品或服務能為他帶來的價值，對客戶沒有價值，那就很難成交；當客戶覺得這個產品自己非買不可的時候，身為銷售人員便由被動變主動了，製造這種效果的最好方式就是挖痛！

銷售就是在挖痛處，給好處

　　所謂挖痛，就是挖掘痛苦，就是刺激、擴大對方的需求，製造緊張感與危機意識，讓對方發現到不和我合作，問題很麻煩，和我合作，好處多多。

　　比如，一瓶水 10 元，但是如果我們把它放在沙漠，他可能值 500 元，甚至 5,000 元，這瓶水還是一樣，為什麼在這裡只值 10 元，到沙漠地帶卻變成 500 元了？

　　由此可見，一個產品的價格，根本不取決於產品本身，而是取決於客戶的渴望度，客戶越是口渴，這瓶水越是值錢；他越不口渴，這瓶水越不值錢。為什麼客戶在購買我們的產品時，總是拖延，實際上是因為他沒有感覺到不買產品的嚴重性和緊迫感。為什麼客戶購買我們的產品老嫌貴呢？最根本的問題不是產品好不好，價格高不高，而是客戶有沒有看到、聽到、感覺到自己非買不可。

　　因此，只要銷售人員學會製造這種壓迫感，客戶就會順利購買。

　　打個比方，今天回家，8 歲的姐姐和 6 歲的弟弟在一起玩，弟弟手裡面拿著一個小玩具車，姐姐非常喜歡那個玩具車，想拿過來玩一玩，姐姐對弟弟說：「玩具車給我玩一下好不好？」而弟弟堅定地說：「不給！」

　　姐姐在冰箱裡發現一根香蕉，而且是唯一的一根，弟弟最喜

歡吃香蕉。這個時候，弟弟手裡面有姐姐想要的，姐姐手裡面有弟弟想要的，彼此交換是一個很好的方法，但並不是最好的方法。

此時，姐姐剝開香蕉皮，在弟弟面前吃了一口，說：「好吃，真好吃！」弟弟主動跑到姐姐的面前，和她商量：「姐，香蕉給我咬一口！我的玩具車給妳玩一下，好不好？」

弟弟開始主動降價了，但是仍然不換。姊姊又咬一口：「弟弟，還有兩口就沒有了！」這個時候弟弟口水就流出來了。「姐姐，給我吃一口！我的車子給妳玩一整天，好不好？」這個時候姐姐又一口。「姐姐，香蕉給我吃一口，這個車妳想玩到什麼時候就玩到什麼時候！」

一開始我們用一根香蕉只是換來玩一會兒的機會，現在用一口的香蕉卻換來了玩無限次的機會，這叫產品利潤最大化。反過來思考，如何才能實現產品利潤最大化呢？歸根究底，不是產品變好了，而是要讓對方看到、聽到、感覺到和我們合作的好處無限多，不和我們合作可能面臨「滅頂之災」！

好壞之間形成落差，就讓客戶產生衝動感、急迫感、緊張感，這個時候，產品再貴也不算貴，再多也不嫌多，他就會盡最大可能花費高價購買，並且還買得多。

假如我這裡有一種專門治療傷口的藥膏，現在 500 元賣給你，你肯定不會要，這個時候，我拿著一把刀朝著你的肚子插進去，現在 500 元要不要？當然要！不好意思，公司剛剛通知，漲

價了，現在 2,500 元了！你說：這麼貴，怎麼漲價了呢？我再考慮一下。

我再把刀拔出來，在另外一個地方插進去，現在 2,500 元要不要？要！不好意思，公司又漲價了，5,000 元要不要，我把刀拔出來，用手將傷口撕裂，現在 5,000 元要不要？要。不好意思，公司又來通知，漲成 10,000 元，要不要？對方說我再考慮一下，於是我把辣椒水倒上去，現在要不要，多少錢都要。好消息來了，公司降價了，變成 2,500 元了，這時候，對方說來四盒！

為什麼這個時候，賣給對方的產品價格提高了，他卻買得更多，並且還不嫌貴了？因為此時此刻，對方感受到不用不行了！

當然，以上例子過於誇張，不合實際，但是反映出一點，那就是只要銷售人員挖到了客戶的痛處，而你的產品正好能造成彌補痛處的作用，那麼即使產品價格再高，客戶也會想方設法購買。

做行銷的人，最應該向醫生學習，你到了醫院，醫生坐在診療室裡，你走進去，知道穿白袍的就是醫生，很顯然，他把自己推銷得很成功，醫生幫你看診的時候，如果面帶微笑，很輕鬆，很平和，你就會更加相信這個醫生。如果醫生對你噓寒問暖，並且很體貼，你立刻就被醫生降服了。

你去看醫生的時候，前面有 29 個人在等，你是第 30 個。那個醫生滿頭白髮，一臉和善，一看就非常專業。等輪到你的時候，你幾乎沒有任何抗拒的理由，這個時候你發現他那種專家的形象已經深深印刻在你的腦海中。

從早上 10 點等到下午 2 點。醫生對你望聞問切一番，這是在了解你的問題、困惑、麻煩和渴望。接下來，醫生開始挖痛了，拿出你拍的片子，跟你說：「這位先生，我建議你最好住院治療！」你說：「醫生，我很難請假！」醫生說：「我還搞不清這個腫瘤是良性的還是惡性的，我最擔心的是錯過最佳治療時間！」你說：「醫生，真的有那麼嚴重嗎？」「所以，我建議住院治療！」「醫生，不過我真的很難請假！」「反正早晚都是要請的！」

為什麼你最後還是選擇請假，接受住院治療的建議，因為你發現問題的嚴重性、緊迫性，你緊張了。

所以，身為銷售人員，如果能把這招學會了，與一般的銷售人員就有很大的不同。

每個人都在追求快樂，逃避痛苦

許多女人婚前喜歡「折磨」男友，要求戒菸、戒酒，一般都能成功。但是如果婚後再要求他戒菸戒酒就很難。為什麼呢？因為結婚後即使不戒菸不戒酒，他也不用害怕對方離開了。

為什麼客戶不買？為什麼客戶不現在買？為什麼客戶不能迅速買？根本原因是我們沒有讓客戶看到、聽到、感覺到不買我們的產品，後面帶來的問題會很麻煩。我們可以透過訓練自己的問話技巧，讓對方慢慢發現，他如果不購買，問題會很嚴重。因為問話可以引導別人的思維。

　　一般來說，兩個人談話，問話的那個人往往容易掌控整個談話的方向，牽引談話的主題。會問話的人往往能牽引對方的思維趨向他想要達到的目標。所以談判雙方，真正的高手往往是那個會問話的。

　　會說話、口才好的人，要麼會問，要麼會講故事，要麼會演，要麼自己很有態度，有熱情，能感染別人。

　　一個人的力量來自兩個方面，一個是追求快樂，另一個是逃避痛苦。

　　比如，我們眼前有一碗蟑螂，吃了你就可以得到 50 元，幾乎沒有人會去吃；500 元，還是沒有人吃；5,000 元，也不吃；50,000 元，有一些人開始動搖了；500 萬元的時候，大概會有很多人搶著吃了。可能有人會說，打死我，我也不吃，這叫骨氣！這就是人的價值觀不一樣。

　　但是大部分人是逐利的。因此人的動力一般來自兩個方面：追求快樂和逃避痛苦。

人不改變是痛苦不夠大

　　人沒有被痛苦折磨過，一般不會改變。所以人不改變，很大原因是因為不夠痛苦，人不進步，是因為沒有壓力。壓力是人生成長的最大動力。

　　很多人的一生其實都是彈簧式的生活，每個人身上拴著一根

無形的帶有橡皮性質的繩子，我們不斷追求目標，不斷追求夢想，但是後面的那根有彈性的繩子卻拴著我們，牽扯我們前進。我們追求夢想，卻害怕失敗；我們追求金錢，卻害怕辛苦；我們追求愛情，也害怕失敗。每個人都是很矛盾的，絕大多數的人不能成功，很大原因並不是缺少夢想，而是後面的繩子拴得我們太緊。人要是沒有顧慮，放手一搏，成功往往指日可待。

　　一個人不能改變，歸根究底是追求快樂的力量沒有大於逃避痛苦的力量。比如，銷售人員去拜訪客戶，害怕被拒絕的力量如果大於獲得獎金帶來的快樂，就會畏縮不前；而一旦獎金、成交帶來的興奮力量遠遠大於害怕失敗的力量，那麼就會勇於打拚。

　　銷售人員需要做的就是如何讓客戶在快樂與痛苦之間權衡，進而形成一種改變的力量。追求快樂也好，逃避痛苦也罷，其實最終都是追求快樂帶來的感受，逃避痛苦帶來的感覺，所以人們在做決策的時候都是靠感覺，這就是感性做決策，理性做解釋。

　　真正改變人們決策的不是理性分析，而是感性決策。有人質疑，公司動輒幾百萬元的大案子，決定之前都是反覆考慮好長時間。這個說得沒錯，但是很遺憾的是客戶考慮來考慮去，那些所謂理性分析的每一個點，其實只是一個感性的認知。

　　比如，你去買家具，看了一眼，覺得款式不錯，樣式也很前衛，品質也不差，外觀大氣，價格也很高，是國外的知名品牌。於是你花了幾十萬元買了一套，用了幾個月，最後新聞報導這個品牌的家具是假的。

　　你會問，為什麼自己理性分析了這麼久，最後還是會上當？你考慮來考慮去，實際上每一個點都是感性的。比如，你覺得品牌不錯，但是品牌只是一個認知，宣傳多了，廣告多了，品牌就出來了。

　　當看到產品款式新穎、設計時尚、顏色搭配很好時，你摸了一下，感覺品質也不錯，但是實際上，你不是這方面的行家，並且你也不可能把木桌鋸開來看裡面的材質，怎麼知道品質很好呢？況且款式好幾乎都是你自己的感覺，你分析的每一個點都是感性的認知。

　　在銷售領域，一切都是認知。人們追求快樂，逃避痛苦，最終目的是為了塑造一種感性的衝動。

　　理性只能打開客戶的腦袋，感性才能打開客戶的口袋。銷售人員要善於運用自己的語言，善於用相關問話，善於講故事，塑造感覺，塑造一種美好的幻想。人們不會買自己需要的，而會買自己渴望的。

　　客戶在購買你的產品時往往都是感性達到了一定的火候。如果你所製造的這個感覺達不到火候，一拖就會拖死，一冷就會冷死。這就是為什麼我們銷售人員和客戶聊得很投機，都快要交定金購買了，可是因為有其他原因而沒有成交，客戶告訴你明天過來購買，結果到了明天，客戶往往不會過來了。

　　挖痛的根源是什麼？人們做決策來自一種力量，這種力量來自人們追求快樂、逃避痛苦的內心願望。那麼如何去做呢？我們

需要不斷透過問話，描繪場景，讓對方看到、聽到、感覺到和我們合作有哪些好處，不和合作有哪些壞處，讓客戶對這種好處和壞處的感覺認知不斷升溫，最後你會發現，當升溫達到一定火候的時候，彼此就會形成一種決定力量，就像是天平一樣，左邊是不想買，右邊是想買，當右邊想買的天平越來越重的時候，天平就向想買的一方偏移了。

有一對夫婦，老婆要求老公戒菸，結果老公咬牙切齒說要戒，過了一陣子，老毛病又犯了。老婆想了一個辦法，後來和醫生一起幫老公把煙戒了。

老婆把老公帶到醫院做體檢，醫生幫他拍 X 光，不知道從哪裡拿來一張黑乎乎的肺部透視的片子。醫生告訴他，說肺部已經黑了，如果不戒菸，剩下的時間大概也就⋯⋯醫生不講話了，他也不敢問。這個時候，老婆帶著老公回家，說：「回家吧，該吃的吃，該喝的喝，該享受的時候享受一下！」這話一說，老公愣住了。從那之後，老公一根菸也不抽了。所以，老公之所以能戒菸，根源在於他認為抽菸帶來的痛苦太大了。

賣產品實際上是在撕傷口

我們與別人交談時，什麼對他來說是痛苦的，什麼對他來說是快樂的，他每天都在追求什麼，每天發生什麼事令他恐懼和痛苦，這些事我們要能找到。

　　找到客戶的痛處，先別著急，這就像你找到了對方的一個傷口，找到小傷口之後就開始擴大傷口，再挑開，之後再撕開，然後拿鹽撒，最後再講價錢，有很多人找到傷口直接就談價格了。我們不但要讓客戶說謝謝，還得讓他掏錢出來。

　　所以能把傷口撕到什麼程度，決定你能做成多少生意。明明可能賣 25 萬元，25 萬元傷口能撕到 250 萬元、2,500 萬元，撕完了再 25 萬元成交，客戶就覺得太值得了。其實撕傷口不是騙人，而是一種行銷的技巧，賣產品不要賣產品本身，而是撕傷口。

　　怎麼把他那個傷口扯開，讓他感覺到更想要，扯到 10 倍，還能收他 2 倍價格？

　　有這麼一個故事，兩支軍隊打仗，一個士兵要把一封信送到指揮部，管理馬匹的馬伕，由於工作疏忽，把馬掌弄丟了，將軍看到了，就批評那馬伕，說他工作馬虎。

　　為了讓他對待工作謹慎、認真，將軍開始這樣引導他：「你看你把馬掌弄丟了，假設有一封急需送達的信，可是因為馬掌掉了，馬跑起來速度變慢了，沒有及時送到，會導致什麼？不能及時傳達命令，不及時傳達任務會導致什麼？會導致這場戰鬥有可能失敗，那這場戰爭失敗了，還會導致什麼？會導致國家滅亡……」

　　馬伕聽了這話，感覺問題嚴重了，從那以後再不敢掉以輕心。

　　這位將軍一路引導，把掉了馬掌這件事情帶來的痛處不斷擴

大，讓馬伕感覺到問題的嚴重性，其實它根本不是相等的關係，但是經過這麼一說，會讓對方以為是相等的關係，他會以為馬掌掉了會導致國家滅亡，所以得以一路引導，將痛苦擴大了。

銷售人員賣東西也是一樣，如果沒有這樣一個過程，你的東西就很難賣出去，或者可能會賣得很便宜，但是有了這樣一個過程之後，商品價格立刻提升。

關聯利益挖痛，引導客戶思維

到底如何挖痛？擴大痛苦的第一個方向性思維，叫縱向挖痛。讓客戶看到過去不改變，他今天損失多少；今天不改變，他未來損失多少；未來不改變，他一生會損失多少。

我曾經讓一個人來學習，我說：「你花 5 萬元來聽我的課，會覺得很貴，對嗎？現在還有別的課程比這更貴的，我們會逐步漲價，現在一堂課要 5~6 萬元，以後還會進一步漲價，一年漲 5 萬元，那麼你付出的會更多！」

我們發現，很多學員 5 萬元的時候不來聽我的課程，後來到了第二年，就算 10 萬元也來了。對有些客戶，我會這樣說：「如果你早一年了解臧老師講的知識，對你的企業會不會有幫助？」「有！」「如果你早一年聽了臧老師的行銷課程，你的企業業績就不僅僅停留在 5,000 萬元了，如果那一年聽了我的課程並開始修正，今天企業規模至少達到 5 億。如果你今年還不來聽，那明年

和今年也沒多大差別，你早聽了早收穫，晚聽收穫就晚，關鍵是早聽，你能及時避免很多失誤，晚聽，你的損失是很多的，況且那個時候行業已經發生深刻變化了！」

第二個方向叫橫向挖痛，也是一種關聯性的挖痛。就是跟客戶說，如果不做這個決策，將會為自己帶來多大的損失。

比如，一個人不願意改變自己的形象，我為了說服他，通常會這樣說：「如果形象不好，你有沒有可能會少交幾個朋友？」對方說：「有可能！」我接著說：「少交的幾個朋友當中，有沒有可能哪個朋友很成功，改變你一生的命運的？」他說：「有可能！」我說：「你看，你不願意改變自己的形象，少花了這點錢，卻影響了你一生的發展。」

「還有，如果形象不好，談戀愛的時候，有沒有可能錯過你非常喜歡的人？」他說：「有可能！」我說：「找到一個喜歡的女人，對你一生有多大的價值呢？」他說：「當然無價！」我說：「你看你少花了一點買衣服的錢，看起來是節省了，但是事實上，你卻損失了一生的幸福！」

很多時候，銷售人員需要做的就是把產品相關聯性的東西呈現在客戶面前，讓他看到利害得失。

一個銷售高端投影機的銷售人員推薦產品時說：「王先生，您說希望採購價格優惠的投影機，其實我有個觀點想和您分享一下，如果一味追求低價，很多時候品質往往沒有保障，您說是不是？」「是啊！」「王先生，您是總公司採購部門的負責人，但是

您往往並不是使用者，對嗎？」「對啊！」

「如果使用投影機的人發現產品品質不太好，那您覺得，他們對採購部門的認同度是高還是低呢？當這個事情反映到主管那裡去，你會發現大家對你的工作都持否定態度了，甚至懷疑你在中間拿了好處！所以，採購低價的投影機，對您來說，並不是什麼好事情。但是，如果您採購一個品質好的產品，雖然多花了一些錢，但是給使用者的感覺很好，他們都會很認同你，老闆也會體會到你是用心在為公司做事，替公司著想的！」

當我們透過旁敲側擊的方法暗示採購部的負責人，採購部的人可能會慢慢改變做決策的價值觀。

第三個方向叫深度挖痛。一個人做決策，很大程度上來自於他的感覺。前面我們講過，人們都是感性做決策，理性做解釋。所以一定要把改變與他深層的感受追求相連結。

比如，一個人想換車，他本來是想買一輛普通的車，而你是賣高價車款的銷售人員。那麼你如何改變客戶的想法呢？銷售人員：「先生，我看您的穿著打扮，儀表不凡，您應該是公司的高層或老闆吧？」客戶：「是啊！」銷售人員：「您身為公司的高層，應該也會經常出去談生意吧！並且也會參加一些企業家的會議，是吧？」客戶：「偶爾會去。」

銷售人員：「那些企業家都喜歡和更加成功的人在一起，而且企業家之間的合作也很看重彼此的實力，這樣他們會覺得更有保障，您覺得呢？」「是啊！」「王先生，您應該會經常開著車

出去談生意，會見很多的企業家，如果您開高級一點的車去見他們，客戶也會改變態度，在談判的過程中，您心理也會比較有把握！」

所以，你會發現，銷售人員透過深度的挖痛，就可以把客戶的思維轉變過來。

銷售人員在挖痛的時候，一定要找到客戶最關鍵的痛處，找到客戶最核心的快樂。銷售人員要讓客戶內心體會到：不買我們的產品，最大的痛苦一定會出現；購買了我們的產品，將會獲得最想要的快樂。

有一對夫妻去買房子，仲介帶著他們到處看，在看房的過程中，妻子非常興奮地衝著丈夫喊：「老公！老公！你快看，從這窗戶能看到外面那棵高大的櫻桃樹！老公，你還記得嗎？我們的初戀就是從櫻桃樹下開始的！看到這棵櫻桃樹就想到我們的幸福生活！」妻子很開心，丈夫也很開心，最後丈夫臉一沉，「噓」了一聲，暗示妻子講話小聲點，不要讓旁邊的銷售人員聽到，其實仲介公司的人已經聽到了。

後來，他們對房子大致都滿意，但還是要挑剔一番，想把價格壓下來，於是丈夫說：「這間房子的樓層還是偏矮了一些！」銷售人員：「先生，這個樓層確實矮了一些，但正是因為它矮，你從這個角度就可以看到那棵櫻桃樹啊！」男的不講話了，女的說：「這個房子價格太高了點吧？」銷售人員說：「價格高不重要，重要的是每當你們看到那棵櫻桃樹的時候，那種幸福感是多少錢

也買不回來的啊！」男人和女人都不講話了。

這對夫妻買房子，那棵櫻桃樹就是他們買或不買的關鍵點。當然這個例子有些誇張，實際上，一個人買東西，他總會有一個最關注的點，只要銷售人員能抓住關鍵點，就比較容易成功。

挖痛需要循序漸進，逐步引導

1.FORM 問話

銷售人員和客戶初次見面的時候，經常會使用 FORM 問話。F 指家庭，O 指工作，R 指娛樂，M 指金錢、事業。一開始，我們為了與客戶建立信賴感，可能會聊一下家庭，比如，「王先生是哪裡人？您還沒結婚吧？」然後聊一下工作，「您主要從事什麼工作呢？」再次會聊到娛樂愛好，比如，「王先生，您業餘時間喜歡幹什麼呢？」最後會聊一些金錢、事業、夢想方面的東西。比如，「王先生，您對未來是怎樣規劃的呢？」

FORM 適用初次見面談話，便於緩解氣氛，避免尷尬和緊張。一般來說，銷售的整個過程是前鬆後緊，一開始在和客戶接觸的時候，我們很多時候是很輕鬆，悠閒的。但是到後期，會越來越有緊迫感，節奏感越來越強，向對方施加的壓力往往會越來越大。

一開始如果太急，很容易讓客戶反感，我們可以先從家庭、工作、娛樂、事業等方面切入，建立信賴感。當彼此關係越來越

好的時候，客戶購買的渴望度越來越高，成交的機率也就越來越大。越是到了後期，拜訪的次數要增加，連繫的頻率也越來越密集，否則一不小心就有可能替別人做嫁衣了。

接下來，我們要知道和客戶溝通的過程中，如何引發客戶的思考，讓他們關注產品，引導客戶進入我們的主題。對那些沒有買過我們產品的人，通常有一個最簡單的問話模式。

第一步，說出一個不可抗拒的事實。先說一個大家都可以接受的事實，然後把這個事實演變成問題，最後再提出思考性的問題。

比如，「王先生，其實很多人都會透過觀察對方提供的檔案資料或方案，看對方的提案好壞來判斷這個公司做事的品質，您同意嗎？」客戶一般會表示同意，然後你就可以接著說：「據我的經驗來看，很多公司做事是很認真的，但是往往因為檔案資料製作得不好或者印刷不夠精美，讓客戶產生不良印象，其實他們工作很講究品質，您覺得呢？」如果你是一個賣影印器材的，可以透過這樣的問話引發對方的思考，進而把客戶引導到關注影印的品質上來。

假如你是培訓公司的銷售人員，可以這樣說：「先生，其實很多公司如果銷售團隊做不好，銷售指標往往也很難完成，對嗎？」「根據我這麼多年的銷售經驗，我們發現一件事情，很多銷售人員自己業務能力不足，沒有完成指標，但是他一般不會怪罪自己，往往會認為是公司的產品有問題，或者市場有問題，您

覺得是嗎？」「王先生，我不知道您的公司是如何讓銷售團隊變得更加優秀的？」銷售人員的這個問話就引發了對方思考銷售培訓的問題了。

銷售人員要把產品賣好，要善於靈活運用，收集一些好的問話，這對於銷售人員來說是非常關鍵的。

當銷售人員與客戶建立了初步的信賴感之後，就可以操作這4個步驟：第一，直接提出問題；第二，煽動問題；第三，概述利益，獲得認可；第四，產品展示。

比如，「王先生，不知道您公司目前銷售指標完成得怎麼樣？」對方回答：「還不錯！」銷售人員：「那您希不希望讓銷售業績更好呢？」客戶：「當然了！」銷售人員：「王先生，我們有一套非常好的培訓體系，可以讓企業花最少的錢，並且節省更多的培訓時間，提升企業銷售團隊水準，讓公司業績在半年內提升100％。這是我們之前為其他公司做的成果見證，您看一下！」

2.NEADS 挖痛法

NEADS 挖痛法是根據前人做銷售的經驗總結出來的，是世界銷售冠軍推薦的一些問話方式。

N指「現在」，比如，「王先生，你現在用的是哪一款產品？」E是指「喜歡」，比如，「你喜歡它哪一點？」A指「不滿意的地方」，比如，「你覺得有哪些問題沒有達到您的要求呢？」D指「決策人」，就是除了你之外，還有沒有其他人參與決策；S就是概述利益，獲得許可，提出接洽。

比如，銷售人員說：「王小姐，您現在用的是哪一款化妝品？」「您覺得這個化妝品好在什麼地方呢？」「那您覺得這個產品有哪些地方是您不滿意的？」

客戶可能這樣回答：「我覺得 A 產品蠻好的，嫩膚效果不錯，我以前皮膚不是太好，現在我發現皮膚好很多了。不好的地方就是剛開始用皮膚有點癢，後來雖然好一些了，但是偶爾還會有點癢。」

銷售人員不要忘了，客戶不滿意的地方恰恰是你生存的地方，客戶不滿意的地方恰恰是企業要改變產品的可能性的地方。如果你的產品滿足了客戶前面說的幾個要求，同時，對客戶不滿意的地方也有很大改善，那你就可能說服客戶使用你的產品。

想要打敗競爭對手，就要了解競爭對手沒有滿足客戶的地方，從該處下手，銷售工作才能做得更好。

3.SPIN 問話

什麼叫 SPIN 問話？ SPIN 其實就是情境性（Situation）、探究性（Problem）、暗示性（Implication）以及解決性（Need-Payoff）4 個英文單字的首位字母的合成詞。SPIN 問話就是在行銷過程中專業地運用實情探詢、問題診斷、啟發引導和需求認同四大類提問技巧來發掘、明確和引導客戶的需求與期望，從而不斷推進銷售過程，實現成交的一種方法。

SPIN 問話是顧問式銷售、項目式銷售或者大眾產品銷售必須用到的一種問話方式。

第一句話是情境性、狀況性的問話。比如，「王先生，您現在工廠裡面這種設備有多少臺？」「這種機器用了多長時間？」這些都是狀況性質的問題。狀況性的問題有一個特點，就是強調少而精，不要問得太多，要不然就成了派出所的審查人員，給客戶帶來太大的壓力。了解對方的狀況雖然價值並沒有那麼大，但是，這是一個必要性的開始，在和客戶溝通時，不要滔滔不絕地問，可以放在溝通的過程中穿插性地問。

第二個是探究性、功能性的問話，也叫問題性話題、麻煩性話題。如果你找不到客戶對產品不滿意的地方，那麼你就沒有銷售的機會，所以功能性問題就是為了找到缺口，找到不足，找到麻煩，找到銷售的機會。

有個保險推銷員對我說：「臧老師，你整天搭飛機、汽車出差，你有沒有算過機率問題啊？」這位銷售人員一下子就點中了我的死穴，不說我還不想買，這樣一說，引發了無限遐想，最後還是在銷售人員的引導下買了一份保險。

功能性問題的優點：第一，價值比狀況性的問題大；第二，不會給客戶造成太大的壓力；第三，塑造更專業的形象。

比如，「你以前開什麼車？」這就是狀況性的問題，「車子耗油量大不大？會不會出現拋錨等小意外？」這就是功能性的問題。

那麼我們如何設計一些功能性的問題呢？首先，銷售人員可以把所賣產品的優點全部列出來，如果有八大優點，就先用紙把

它寫下來，然後，在設計話術的時候，你就可以根據產品優點設計引導的話術。

　　比如，我們要賣一個企業培訓用的綜合課程，這個產品有一個重要的優勢是全面、系統化。那麼銷售人員就可以這樣設計話術：「王先生，您大多聽什麼樣的課程？」「以往聽的課程，講解得有系統嗎？」如果對方說：「不怎麼有系統！」這個時候你可以說：「王先生，您聽了這麼多課，會發現一個現象，一個老師講課，講心態的就會吹捧心態的重要性，講執行的就把執行講得天花亂墜，講管理的，認為公司只要管理好了，業績就自然飆升。你會發現很多老師講得很好，但是每個老師都在渲染他自己所講的那個主題有多麼的重要。但實際上，老闆都明白一件事：其實，一家公司，心態、管理、執行、銷售、策略等都很重要，哪一項都不能缺少。有一本書叫《細節決定成敗》，策略如果錯了，做得越細死得越快。有一本書叫《策略決定成功》，但是如果策略到位，執行不到位，細節做得也很差，成功也不太可能。所以老闆要經營企業，各方面都需要關注一些，這叫系統性和全面性思維，王總，您覺得呢？」「我們公司的產品優勢就是系統化、全面！」

　　假如你是賣房子的，那麼你的房子有什麼優點？第一，地段好；第二個，價格優惠；第三，交通方便；第四，周圍生活機能很好。根據這些優點，你就可以把它變成功能性的問話。「王先生，您已經看過很多房子了，那些房子附近有大型超市的是多還是少呢？」「您原來住的房子周圍生活機能好嗎？」「您前天看的

那個房子，周圍都沒什麼生活機能，以後生活很不方便啊！」當你在問這些話的時候，實際上你是在告訴對方原來那個房子的缺點，而你的物件周圍剛好有大型超市。

「王先生，說實話，一個人是離不開社會的，如果經常出差，交通不方便，對你以後的生活會帶來很大的麻煩，你說呢？」這實際上是在暗示這個房子旁邊就有捷運。

銷售人員可以把產品的每個優勢都列成一個完整的功能性問話，這樣，在遇到不同客戶的時候，就可以根據客戶情況使用相應的功能性問話，引導客戶成交。

第三個就是暗示性、影響性的問話，也叫威脅性問話或恐嚇性問話。當然，這裡說的威脅性問話並不是要你去威脅別人，而是製造一種壓迫感，目的在於挖痛。

比如，「王總，您有沒有算過，您過去那輛車，一年維修費用需要花費多少呢？」「臧老師，你有沒有發現，當你開著原來那輛車去講課的時候，臺下學員看到你那樣的車，對你的看法會不會不一樣？可以這樣說，你開著不太好的車去講課，對你的身分有很大的負面影響，臧老師，你覺得呢？反過來思考，如果你開著我們這款車去講課，你覺得會怎樣呢？」

影響性的問題分為兩種，第一，顯性的影響性問題，是能夠看得到的，比如他買的設備對他產生不良影響了。第二，隱藏性的影響性問題，暫時看不到，比如說一個人不學習，短時間內似乎無關緊要，但是對未來會有影響。

　　一臺設備雖然老化了，暫時還能使用，但是從長遠來看，會影響工作效率，客戶沒有想到嚴重的後果。人們之所以會做出錯誤的決策，就是因為人們的大腦容易出現短路，封閉式問話之所以會暫時矇蔽人，就是因為人腦的短路現象，人腦暫時看不到更深、更遠或關聯性的問題。客戶不能看到更遠的東西，一葉障目，銷售人員就是要讓客戶提前看到很多深層的威脅、挑戰和問題。

　　銷售人員需要做的是讓對方撥亂反正，把眼前的表象撥開，讓客戶看透，看到大趨勢，大挑戰，如果不改變，可能會很麻煩。

　　銷售人員遇到最大的問題就是在和客戶溝通時，談到這些隱藏性的問題時，對客戶的煽動性和影響力並不大，原因在於銷售人員並不了解客戶在使用這臺設備的時候，他的困惑點在哪裡，因此他只能籠統地說：你若不改變，將會面臨很大的麻煩；你不買我們的設備，將會有很大的損失，但是具體損失在哪些地方，銷售人員講不清楚，這就是挖痛挖得不深的根本原因。

　　可見銷售人員最大的困難就是不太了解客戶的困惑在哪裡；其次就是不太了解困惑的細節；再次銷售人員只關心自己推薦的產品和方案，容易給客戶一種不好的感覺：你就是來賣產品的，而不是來幫我解決問題的。這就淡化了我們解決客戶問題的心理感受。

　　一個銷售人員為什麼說服不了老闆？第一，對老闆內心的真正痛苦不了解；第二，對老闆內心的真正恐慌不了解；第三，對

老闆內心的真正擔心不了解。

第四個是解決性、憧憬性、快樂性的問題。到底什麼是憧憬性問題？就是要暗示客戶，如果目前這些問題都能得到很好的解決，那將來會有更好的發展，如果客戶能夠使用我們創新的產品，將來會有更好的效益。

我有個朋友是銷售會議系統設備的。有一次，他和一個客戶溝通，他說：「王先生，你這個會議系統目前用得怎麼樣啊？」客戶說：「還可以吧！」「那你這個系統投資了多少錢？」「大概500多萬元！」「你覺得這個系統真的值這麼多錢嗎？」「我覺得也不能說值不值得，反正還可以吧！」

「使用中，有沒有一些不好的地方呢？」「我覺得那個設備和現在一些新的設備很難融合，兼容性不夠！」「那到底是哪些設備很難兼容呢？」「現在出了很多智慧型設備，它們之間很難銜接！一些高層主管過來演講，他們為了方便可能只帶了平板電腦，但是卻無法和我們的設備連接，還有一些遙控設備，操作起來很麻煩，經常出問題！」「使用的人會生氣嗎？」「那是當然，有些主管發現設備不能用，會劈頭責怪我們，所以每次有主管過來，都會提前檢查設備。」「那你有沒有和這邊的主管溝通這件事情呢？」「沒用的，即使向他們反映了，他們也不過問。」

銷售人員透過溝通，發現很多困惑。於是，他透過這個人認識了他們的主管以及其他的一些人，把他們的困擾、顧慮都記錄下來，最後找他們的決策者，根據收集的資訊，把相關的困惑說

給他聽：「公司的會議系統設備如果不更新，你會發現，第一，投資 500 萬元，獲得的回報越來越少；第二，一些主管、外來客戶、嘉賓等來做報告，對設備很有意見，這樣對我們的印象也不會太好；第三，公司內部員工使用也會遇到很多問題，同時經常要投入更多的維護費用⋯⋯」客戶說：「其實，我也知道這個事情，但是也沒辦法，我們欠缺經費，這樣大的一筆開銷，審批也很麻煩！」

銷售人員說：「其實，任何一家公司採購這麼複雜的設備，都會很麻煩，今天不申請，明天不會批，明天不申請，後天不會批，問題也會一直存在！但是您不要忘了，您是這個部門的負責人，所以一旦出問題，影響最大的還是您啊！」再後來，銷售人員和客戶聊升級後的會議系統將有哪些好處，描繪出一幅智慧控制系統的藍圖。

後來這位高層覺得確實應該升級了，就打了一個報告，申請了一個月、兩個月，都沒有結果，這樣一大筆費用確實需要花費一些時間，當然，銷售人員也從不放棄。

直到第八個月，發生了一件特別的事情，一個投資者因為這個會議設備的問題，放棄向他們投資了。這個時候，在銷售人員的再次勸說下，他的上級終於通過了更新設備的審核，銷售人員順利拿下訂單。

銷售人員需要記住的是，如果 SPIN 問話問得太過於生硬，可能會帶給別人不舒服的感覺，所以必須在一個氣氛很好的環境

下，在彼此關係都非常融洽的情況下再使用，效果就很好。一定要將 SPIN 問話轉變為生活性的語言，信手拈來，脫口而出，恰到好處。

深度挖痛，將問題呈現在客戶面前

銷售人員對客戶挖痛挖得不夠深，就直接推銷產品的話，效果就不太好。

比如，如果你是一個賣遠端會議視訊系統的銷售人員，你找到了一個客戶，說：「王總，貴公司會議多不多啊？」「當然多！」「那銷售人員應該都是分散在各地吧？」「嗯，各城市都有我們的銷售人員。」「那開會的時候，他們是不是還得從各地回到總公司啊！這樣多浪費時間，還得報銷車馬費！」「還好吧！」

這個時候，銷售人員就開始介紹產品了，說：「我們有一個遠端會議系統，可以有效地幫助您解決這個問題！」客戶往往會說：「我再考慮考慮！」

上面這個銷售人員在客戶的痛處還不大的情況下，就直接推銷他的產品，很顯然，客戶不會輕易接受。

銷售人員一定要記住，在客戶的痛處還沒有挖掘到很深的情況下，不要輕易推薦自己的產品，你推薦得越早客戶反彈越大。

銷售人員要讓客戶聽到、看到、感覺到許多潛在的威脅，讓這些威脅暴露出來。

159

比如，「王總，公司每年應該開很多會吧？每一次員工回總公司，第一，這車馬費、住宿費、伙食費得花多少錢啊！一個人至少需要報銷 2,000 元吧！100 個人就是 20 萬元。同時，每次開會，員工需要損失多少時間啊！兩天會議，可能每個員工就需要四天的時間，因為有兩天是在來回的路上。如果這多出來的兩天用來工作，100 個員工，每個員工一天拜訪 3 個客戶，那兩天就是 600 個，如果成交率只有 2%，那也有 12 個客戶成交，一個客戶 5 萬元的採購額，那也是 60 萬元的銷售額啊！利潤最少應該在 15 萬元，這樣加起來，公司兩天到場會議，相比遠端會議要多損失 35 萬元，而且還是保守的數據。同時，到場會議受到成本影響，開會次數也會降低，很多臨時性的事件無法解決，如果能夠透過會議系統隨時溝通，可以讓公司減少多少損失啊！」

當銷售人員把這些壞的威脅、好的影響呈現在客戶面前，老闆自己會算這筆帳，進而改變原有思維。

客戶不是被我們說服的，而是被自己說服的，我們只是引導或影響他，那怎麼影響他？我們拿出故事、拿出數據、拿出案例、拿出情境，把客戶和我們合作帶來的好處不斷說給他聽，把不和我們合作帶來的壞處也闡述給他聽。

銷售人員直接講產品，對方就會很痛苦，覺得你就是一個賣產品的，因為你根本不了解對方的需求。

客戶之所以不買你的產品，第一，觀點上和你不一致，客戶不認同你的觀點；第二，習慣的力量，人總是習慣用原來的設

備，習慣於原來的系統；第三，價值觀不一致，當你推銷產品的時候，客戶發現你介紹的產品價值並不大，沒有看到他想要的好處或者還沒有感受到它的好處。第四，客戶不信任你，特別是當銷售人員過度誇大的時候，客戶產生了不信任感。

所以銷售人員需要學會對客戶灌輸相應的觀念，銷售就是賣理念，賣價值觀。

掌握客戶關注點，有針對性地挖痛

針對效能型銷售，客戶採購一件產品，可能會有不同的參與者，最基本的參與者可能包括決策者、使用者、把關者、教練者。不同的人，我們要學會站在不同角度，用 SPIN 問話來成功實現銷售。

一般來說，高層決策者關注企業的整體效益，整體財務的狀況，以及公司整體績效，當投資報酬率不划算的時候，你說得天花亂墜他也不會買，當投資報酬率很高的時候，你不說他也會買。

銷售人員面對老闆時，如何挖痛？應該把產品或服務塑造成企業最迫切需要的財務問題，將企業的商品和服務與公司效益連結，老闆就比較喜歡聽這樣的話，因為老闆在乎的是投資回報。

我們在和老闆說話的時候，要將無形的產品變成有形的產品，把有形的產品變成無形的產品。

　　比如，你是賣影印機的，你要讓決策者明白，買了這臺影印機，可以增加多少賺錢的機會，或者減少多少原材料的損失，買了這臺設備，將會帶來多大的效益。當然，銷售人員要拿出實實在在的證據，包括數據報表，客戶見證。如果不買這臺設備，將會損失多少，要讓客戶清晰明白。

　　如果你是賣產險的，不要只是說：買個產險吧！你要告訴老闆，買產險其實不是一種投資，不是為了預防風險，很大程度上是為了讓你的企業永續經營。

　　第二就是針對中層決策者，弄清楚他的決策動機在哪裡？比方說一個經理，他是怎麼看問題的，很顯然，他關注的焦點是產品或服務的功能，他關心的是買了這臺設備能不能提高他的績效，能不能提高他的部門生產力，他的關注點是增加部門的效益，進而獲得老闆的賞識。

　　第三個就是基層人員。一般來說，他們沒有太多的決策權，但是他們有建議權，很多時候他們沒有權力讓單子成功，但是卻有可能讓單子死掉，基層人員最關心的是使用、維修、保養。

　　如果經銷商是你的客戶，那麼他們關注的點又不一樣。經銷商最關心的是賣你的產品能否賺錢，而且是持續性地賺錢。

第 *12* 章
產品介紹，符合客戶需求

　　產品介紹從一開始就在進行，但在成交之前，一定有一次很正式的產品提案，以及價格談判，我們在這裡進行詳細闡述。

讓客戶為產品獨特賣點駐足

　　什麼是 USP（unique selling point/proposition）？ USP 就是產品的獨特賣點，我們在介紹產品的時候，如果公司有八大優勢，那麼我們是不是要把這八大優勢全部講解完？顯然不需要，我們只需要講解客戶最關心的那一條、兩條或三條，但一般不會超過三項，一旦客戶有興趣，我們就有機會更加詳細地闡述。

　　每件產品都會有一個獨特的賣點，什麼是獨特賣點？就是只有我們產品有，其他公司不具有。

　　特別當銷售人員不了解對方需求，並且客戶不感興趣，可能馬上會離開的時候，你可以先講產品的獨特賣點，吸引住客戶。一旦具有稀缺性，就有獨特的價值，而且也是產品不能降價的理由。

　　相同就有可比性，不同就沒法比了，所以銷售人員要學會塑造不同的價值點。

　　銷售人員應該明白，客戶買的不是專業，而是好處和利益。所以剛開始介紹產品的時候，不要介紹太多的專業內容，不要講解太多科學原理，因為人們不會買成分，不會買原理，不會買結構，而會買這個東西帶來的好處。當然，如果客戶對你說的好處存在質疑的時候，你再講專業的東西，這是為了消除客戶的疑慮，體現出權威感和專業。

　　我們在介紹產品的時候，盡量多用一些情境詞，讓客戶有身

臨其境的感覺，不管客戶是買功能還是買價格，他都希望在使用的過程中能體會到情景中的感覺。

沒錢的人更加關注功能、價格，有錢的人更加關注感受，假如銷售人員是賣中高級汽車的，那他就要學會描述。

「先生，如果你擁有這輛車，開著它帶著全家人，在馬路上飛馳，看著夕陽西下，聽著音樂，這種感覺多麼美妙！」假如你是賣房子的，你要告訴客戶：「先生，你看這個房子正好朝南，把窗簾打開，陽光灑進來，住在這個屋子裡，在陽臺上聊天喝茶，這是一件多麼幸福的事情啊！」

銷售人員要善於描繪場景，營造一種客戶嚮往的感覺，就像是說書的，學會借這張嘴，一會兒描述一個場景，一會兒描述一個人的性格特點，一會兒描述一個動作畫面，吸引觀眾的注意。

這就像建商蓋房子，還沒完工前都是毛胚屋，為了增加銷量，就會裝潢一些樣品屋，客戶來了，看毛胚屋沒有感覺，就帶他們去看樣品屋，客戶在看樣品屋的時候，就能迅速找到那種感覺，買屋的可能性就比較大。

我們在介紹產品的時候，第一，要能講出產品的差異化；第二，要能表現出產品的稀缺性；第三，要能展示出製作工藝的精良；第四，能夠體現出價值效益；第五，製造一種從眾感覺；第六，利用名人效應。

產品沒有最好，只有最合適

　　銷售人員不僅要熟練掌握自己的產品知識，還要了解競爭對手的產品知識，並不是每個對手你都要了解，只要針對幾個主要的競爭對手就好了。就像談戀愛一樣，你說你有一個情敵，這倒是可以理解，你說有十個情敵，可能性也不太大。

　　很多銷售人員去拜訪客戶的時候，經常會遇到這樣的情況，那就是客戶拿競爭對手的產品來比較，拿競爭對手的價格來打壓我們。如果銷售人員對競爭對手不了解，就會心虛，迅速喪失自信和戰鬥力。

　　那麼，到底要了解競爭對手什麼？首先，要了解競爭對手的優點。很多銷售人員剛進公司，對產品不了解，老闆往往會密集地培訓他們。培訓中，老闆把產品的優點說得天花亂墜，把公司的好處也無限放大，但是得到的結果往往並不好。

　　我們發現很多新員工，經過老闆的培訓之後，剛開始士氣高漲，幹勁十足，3～5個月一到，又灰頭土臉了。老闆再也無法幫他「洗腦」，因為他實際展開銷售後，反而被客戶「洗腦」了。他們會這樣認為：原來自己的產品並不是老闆所說得那麼好，別人的產品也有很多優點，反而我們的產品有不少的問題和缺點，老闆一直在吹牛。銷售人員心裡就會產生一種落差，進而對公司失去信心。

　　銷售人員的成長一般有三個階段：從士氣高漲、信心百倍、鬥志昂揚，到情緒低落、萎靡不振，再到回歸理性、重新出發。

　　剛開始，銷售人員帶著熱情去推銷產品，被別人折磨幾個月之後，回來就偃旗息鼓了，然後把自己的公司罵得一無是處，因為這幾個月他被客戶摧殘加折磨，這個階段，如果他撐過去了，就還好，如果撐不過去，就會辭職，這就是所謂的死亡期。

　　經過這道關卡之後，銷售人員回到公司，主管、經理會再次培訓他。之後他在工作中慢慢發現：原來我們的產品也有優點，別人的產品也不差；我們的產品有缺點，對手的產品也有缺點。銷售人員慢慢發現，大家的產品都有各自的優點和缺點。當他有這種感覺的時候，他就有了另外一種認知，最後發現，沒有最好，只有更適合。

　　好與不好，永遠是拿參照物對比的，比如，你買5萬元的西裝送給一個乞丐穿，這個乞丐不敢要，因為他穿了這麼好的西裝，以後怎麼乞討？所以說產品沒有絕對的好壞，是要看買家的需求，這個時候，銷售人員才能擁有心平氣和的狀態。

　　只要找對了客戶，他們就會認可。所以，銷售人員要了解競爭對手和自身的優點和缺點，也必須了解競爭對手以及自身產品的獨特賣點。如果找不到自身產品的獨特賣點，降價就是必然的。

巧用 FABE 問話，讓客戶相信產品價值

FABE 模式是銷售人員介紹產品的時候經常使用到的一種技巧。F（features）指產品的特性；A（advantages）指產品的功能優勢；B（benefits）指好處和利益；E（evidence）指證據。

我們舉例說明。「先生，這件衣服是絲質的，非常透氣，所以夏天的時候，穿在身上很清爽！這件衣服很暢銷，昨天就賣出了 30 件！」

「這件衣服是絲質的」是產品的特性；「非常透氣」是產品的功能優勢；「穿在身上很清爽」是產品的好處。「昨天就賣出了 30 件」這是在證明產品很暢銷，引起客戶購買的慾望。

「先生，這個計算機是太陽能的，所以你不用擔心它有沒有電，只要有一點點光線，就能正常使用，所以，使用起來非常方便，可以讓你節省很多買電池的費用。傳統計算機裝了電池在裡面，半年沒用，結果再拿出來用的時候，電池沒電了！但是有這個太陽能電池就不一樣了，你只要拿出去，有一點點光線的情況下，都可以使用。」這裡面就將產品的特點、功能、好處都介紹給客戶了。

其實每個產品的介紹都可以變成一種模式，便於初學者使用：因為這個產品有什麼樣的成分，所以具有什麼樣的功能，能帶來哪些好處，你看，這些都是客戶使用的證據。

當然，向客戶介紹產品的時候不一定都用這種模式，我們還

可以顛倒順序，或者省略介紹產品特性或功能，但是產品的好處必須講出來，因為這是引起客戶關注的關鍵點。

同樣，在針對不同人介紹產品使用 FABE 話術的時候，也會有差別。同樣是茄紅素這樣一款產品，針對老年人，產品的好處在延年益壽；針對青年人，優勢在於消除啤酒肚；針對女性，在於皮膚好，更漂亮；針對小孩，在於健康成長。

有些銷售人員是典型的 F 型銷售人員，有的是典型的 A 型，有些是 B 型。介紹產品的時候只介紹產品的功能，這種銷售人員就是典型的 A 型銷售人員。如果他只介紹產品的元素、成分和原理的，這是 F 型銷售人員，如果一個銷售人員既能介紹產品的成分、原理、元素，又能介紹它的功能與益處，這種銷售人員叫 FAB 銷售人員。

怎麼找出產品的 F（特性）、A（功能優勢）、B（好處）、E（證據）？首先從產品的說明書上找，再來就是從競爭對手的產品中找。我們的產品與競爭對手的產品比較，在哪些方面更加適合客戶的需求，你就把更加適合的地方都列出來，這些都是 A 和 B。第三，詢問客戶，你可以詢問使用者，我們的產品帶來了哪些好處，哪些地方不夠好。第四，銷售人員自身的觀察。

銷售人員要思考，我們的產品在哪些方面可以為客戶帶來好處？建議從以下幾個方面思考：第一，運輸方面。第二，效能和功能方面。第三，外觀方面。第四，舒適度方面。第五，便利性方面。第六，經濟性方面。第七，保存或使用方面。第八，利益方面。

　　證據從哪裡來？客戶見證、樹立專家權威與印象都是在製造證據，這些東西側重在銷售人員的累積。我們每賣出去一件產品，都要找到客戶認可的反饋，當我們把客戶認可的反饋收集起來，不管是一封推薦信、感謝信、或簡訊讚美、影片評價、語音評價等，還是政府的認證、審核部門的認證，這些都是非常好的資料。客戶見證不是一下子就收集到的，銷售人員需要不斷地累積。

第 *13* 章
解除異議，打敗競爭對手

當你把產品介紹了，方案也說了，價格也報了，最後你會發現只要報價還沒有降到最低，客戶就會提出很多異議，透過你的競爭對手或其他方案來打壓你，所以我們要借助對手說的話來剷除對方。

第 13 章　解除異議，打敗競爭對手

想要打敗競爭對手要先了解對手

當銷售人員把自己的產品介紹給客戶之後，對方經常會出現反對意見，客戶會拿競爭對手和我們進行比較，那麼我們如何權衡和競爭對手的關係呢？

銷售人員如果處理不好這個問題，可能會影響客戶對你的印象。正所謂說人是非者便是是非人，你越是說一些關於競爭對手的壞話，或者在心中暗暗排斥競爭對手，客戶越會對你有意見，所以，銷售人員必須處理好這個問題。

那麼到底如何面對客戶用競爭對手打壓你的產品？首先，銷售人員需要提前做好準備，先了解競爭對手，包括競爭對手的優點、缺點以及獨特賣點，同時找到以前和競爭對手合作而現在和我們合作的客戶。

如何了解競爭對手的資訊？一般來說，可以透過網路、公司簡介、產品簡介、相關資料進行查詢，這些了解只是表面的，最重要的是透過客戶來了解，因為客戶最有發言權，這個是關鍵。

第二，絕對不要批評競爭對手。很多客戶可能是在測試你，他會故意讓你談談競爭對手的情況，目的是比較，同時看你有沒有說假話，故意套你的話。

這個時候，銷售人員要盡量客觀地去談，小產品還可以玩點技巧，如果是大型產品、設備等，特別是金額龐大的採購案，客戶可能做了很詳細的調查，對各個供應商的情況都有了一個基本

的了解。這個時候，你介紹產品可以適當地突顯自家產品的好處，同時最好保持客觀的心態，因為客戶一旦知道你在撒謊，就有可能對你完全失去信心。

如果客戶是在測試我們，要我們去比較自己產品和對手產品的優勢與劣勢，我們可以適當地講一下我們產品的優點，同時保持一種公正的原則。但是最後一項很關鍵，那就是我們產品哪個地方更有獨特性，更適合客戶，所以最終打敗對手的不是我們產品比他好，而是更適合客戶。

很多人以為，好的產品就能賣得很好，差點的產品就賣得很差，實際上並不是這樣。因為沒有最好，只有最合適。如果你的產品很好，但是價格很高，對方支付能力有限，那麼同樣的，你的產品始終沒辦法賣給客戶，所以，銷售人員一定要講出產品的差異化。

另外，銷售人員需要把產品更加適合這個客戶的原因和理由講解清楚。比如，我們產品可能沒有想像中那麼好，價格也可能不是那麼優惠，但是公司的服務卻是你很需要的。銷售人員對客戶真誠的服務也可以是打敗競爭對手的一個很大賣點。

千萬不要一下子就把競爭對手說得一無是處，因為你根本不了解客戶和競爭對手之間的關係怎麼樣。當然，銷售人員也要以客觀的態度提醒客戶，競爭對手致命的產品缺陷可能為客戶帶來哪些威脅。

比如，「王先生，那個房子面積、地段、房型都蠻適合你，

其實我之前也很想推薦給你的，但是我後來沒有推薦給你的原因是，那間房子周圍有一條河，河水有點臭，白天還好，晚上氣味很濃，還是有點影響健康的！」所以，一個致命的缺點，就可能導致客戶放棄購買競爭對手的產品，轉而購買你的產品。

前面我們在 FBAE 話術中講過，銷售人員需要學會拿出證據，證明我們產品的優點。在這裡，我們在闡述自己與客戶產品的優缺點時，也需要拿出證據，這樣能夠使客戶更加信服。特別是那些以前購買過競爭對手產品的客戶，現在轉而購買我們公司的產品，他們的客戶見證非常關鍵，所以，銷售人員需要多收集這方面的素材。

反對意見是成交的一種信號

銷售人員首先要明白，客戶如果沒有反對意見，他不一定是好客戶；有異議的，會投訴的，也不一定是壞客戶。一個客戶經常說我們這個不好，那個不好的，到後來發現，這反而是一個好客戶。特別是那些願意當著我們的面說出產品的問題，並且還花很多時間和我們溝通交流的客戶，往往都會成為購買產品的對象。

我們發現，幾乎所有的成交都是從反對意見開始的，所以銷售人員要對反對意見抱持非常平和的心態。

很多剛從事銷售的人往往很急躁，遇到客戶提出異議，會覺

得別人在打擊我們，拒絕我們。其實，身為一個優秀的銷售人員面對這樣的情況，應該更加興奮才是。

銷售人員經常面對各種打擊、挫折、異議，必須用一顆平靜的心去對待。疑難雜症天天有，能解決的就解決，不能解決的，就學會轉移注意力。

銷售人員要善於聽話，善於溝通。善於聽話是什麼意思呢？第一，要聽對方說出來的話；第二，要聽對方想說但是沒說出來的話；第三，要聽出弦外之音。銷售人員要能講，要會講，要用別人喜歡的方式講。這也是我們在消除客戶反對意見的時候，應該具備的一種心態。

為什麼客戶會有那麼多的反對意見呢？因為客戶是被動的，我們是主動的。所以，如果客戶把真實的感受都講出來了，他就會更加被動了；另一方面，客戶希望獲得更多優惠的籌碼，為自己爭取更大的利益。比如，一個人去買衣服，售貨員無論怎麼問，客戶都不怎麼說話或者一兩句就帶過了。當銷售人員還沒有和客戶建立良好關係的情況下，客戶不願意把真實的想法告訴你。

迴避爭論，掌握客戶異議的本意

一般來說，一個產品，將所有的反對意見羅列起來，大概不超過 20 個，再進一步濃縮，可能就十幾個，經常遇到客戶異議的問題可能就兩個。一個人不買產品，可能就兩個方面沒有達到

他的要求，所以銷售人員在消除客戶的反對之前，一定要先知道反對的原因。

大部分的情況下，客戶 80%～ 90%的反對意見都是假的。銷售人員在和客戶溝通的過程中，往往客戶謊話更多。為什麼客戶不願意講真話，第一，為了牢牢抓住主控權，第二，客戶本身不想改變。所以銷售人員面對這種情況，要有一顆平靜的心，坦然面對。

對於反對意見，銷售人員、公司能解決的就盡量解決；不能解決的，就需要會轉移話題。客戶說出反對意見，有充足理由拒絕你的，占 18.7%，隨便找個理由拒絕你的，占 16.9%，以事情難辦為理由，拖延拒絕的占 6.8%，本能地拒絕你的占 47.2%，其他理由占 10.4%。

客戶的反對意見基本上就兩個本質來源，一個是真拒絕，一個是假拒絕；一個是狀況性的反對意見，一個是藉口性的反對意見。

客戶如果真拒絕你，要麼是真不想買，要麼是銷售人員的前置工作沒有做到位，比如信任感沒有建立，沒有讓客戶體驗到產品的獨特價值等等。

如果出現假拒絕，這是非常有價值的客戶，我們需要特別關注。當客戶出現迴避現象的時候，就對產品失去了興趣，原因可能是你沒有讓對方看到好處，沒有看到產品的價值，沒有找到客戶的興趣點。所以展示產品、展示優點、展示賣點，展示客戶見證，主要是讓客戶相信我們，相信我們的產品。

當客戶出現冷漠的狀況，主要是因為我們沒有找到他的需求

點，沒有發現他購買的關鍵點，沒有刺激到他的痛處，沒有為他帶來好處，說白了，就是誘惑還不大。所以這個時候銷售人員需要做的就是挖痛，多講案例，多講故事。

如果銷售人員向客戶介紹產品的時候，客戶表現出懷疑的態度，要麼是懷疑你這個人，要麼是懷疑你說的話，要麼是懷疑你的產品，銷售人員需要做的就是消除客戶的懷疑，建立彼此的信賴感，可以使用客戶見證，多用數據、報表，用事實說話。

還有一個方法就是彌補欠缺，比如，客戶覺得產品的獨特性不強，或者適合性還不是很強，這個時候你需要拿出一些證據證明自己的產品和別的產品不一樣。適合性不強，那銷售人員一定要精準地找出客戶的需求，透過引導的方式為客戶推薦更合適的產品。

當客戶誤解你的時候，他說的話和你沒有交集，這個時候，你需要用心、用更加易懂的方式讓客戶理解你的觀念。

針對不同的反對意見，需要採用不同的處理方式，但是從總體上來說，銷售人員要善於挖痛，多講故事，展現亮點，多拿證據，溝通引導，呈現獨特賣點。

解除異議，循序漸進嘗試成交

第一種消除對方反對意見的時機叫預先框視，銷售人員剛剛介紹完產品，客戶就說我不要，或者說太貴了，或者說我再看看。遇到這種情況怎麼辦？

有的反對意見越早解決越好。如果你的產品確實有缺點，並且客戶很容易就能看得出來，你就乾脆在還沒有介紹產品之前，直接把自己的缺點先說出來，最好能把你的缺點變成優點，這就像是打籃球，當你在接對方傳過來的球時，一般都會把手伸出來，然後往後伸，一個緩衝接到籃球。所以你先告訴客戶產品的不足，然後再講述產品的獨特賣點，客戶就比較認同。

　　我剛開始講課的時候年紀比較輕，學員會說，這老師太年輕了吧！那個時候，我會故意把我的年齡說得大一點，他們問我，我也不會告訴他們真實的年齡，但是後來我想，萬一學員知道我的真實年齡怎麼辦，所以我就直接跟他們說，各位，你們希望年輕時變優秀，還是年老的時候變優秀，他們說，當然是年輕時變優秀，我說，一個人混到80歲了才成功，那他的方法基本上都是讓你到80歲時才成功的方法；如果你跟一個年輕就成功的人學習，那你也會一樣，在年輕的時候就變得優秀了。所以年輕成了我最大的賣點，直接將身上的缺點變成了優點。

　　我搭飛機去講課，也經常被別人推銷東西。曾經有一個賣保健品的小女生對我說：「老師，我們的產品可能有點大，在飛機上不太方便攜帶！」

　　我說：「能有多大？」她說：「很大！」我以為體積真的很大，隨後她拿出一包比拳頭打大一點點的產品，我驚訝地說：「還以為有多大呢，這個肯定能帶上飛機！」一下子，我就被她攻破了。

　　當我們在介紹產品的過程中，客戶會有很多的反對意見，你介紹了八大優點，相對應地可能有八大反對意見。銷售人員介紹產品，實際上是一步一步解除客戶內心疑問的過程，是在逐步解決客戶心理的疑難雜症。

　　客戶購買產品的時候，都會有一個心理規律。客戶有第一個疑問的時候，我講第一句話就是在告訴他，雖然我不知道他的第一個疑問是什麼，但是他的心理反應我大致很清楚，按照這種順序和流程介紹產品的時候，往往得到的反對意見也是很少的。所以，你談產品的時候，要很輕鬆。首先直接把自己產品的最大亮點講出來，馬上吸引住客戶。因為客戶見到你的第一眼，內心就在問：我為什麼和你談？當你介紹的產品吸引住客戶了，他就會願意花時間。

　　第二，馬上展現自我，建立信賴感並且讓對方看好你。要包裝自己，讓對方知道你是做什麼的，對你有一個初步的認識，建立彼此的信賴感。

　　第三，要跟客戶說明，你將為客戶帶來哪些好處，客戶使用產品會得到怎樣的利益。

　　第四，當客戶有興趣了，就可以彼此溝通詢問，了解客戶的問題、困惑。

　　第五，拿出證據證明，你講的東西是真的。

　　第六，從更多角度介紹產品的賣點。比如，哪些方面剛好切中了對方的需求。

第七，產品具有哪些功能；和對手相比，有哪些優勢。為他帶來哪些好處，解決哪些疑難雜症，為客戶帶來哪些快樂，避免出現怎樣的痛苦。

　　第八，明確告訴他，為什麼要買你的產品，要和競爭對手進行比較。

　　第九，客戶為什麼要買你的產品而不向你的同事買，不向你的競爭對手買，不向你的主管買。因為你有更好的服務，更專業的態度和精神。

　　第十，呈現出為什麼他今天要買、而不是改天再買的原因，要給客戶一個為什麼今天買的更好理由。

　　這十個解除客戶反對意見的步驟恰恰就是我們介紹產品的過程中基本上要遵循的一個步驟，所以初級的銷售人員在和客戶溝通的時候，可以按照這個步驟進行演練，你得到的反對意見會相對偏少，因為這十個步驟基本上就是你從接觸客戶，到不斷消除客戶反對意見，進而引導成交的一個基礎動作。

　　第二種解除反對意見的時機是在介紹產品之後，邁向成交的這個中間階段。如果在消除反對意見之後和成交之前，反對意見還很多，那證明你前面的工作還沒有做好。前面工作做好了，在介紹完產品到成交，中間只差一步之遙。

　　如果銷售人員在介紹完產品之後，到成交之前，中間沒有什麼反對意見，那就說明要麼產品好，品牌響量，有實力，要麼就是銷售人員前面的基本工作做得非常到位，所以到這個階段基本

上沒有任何反對意見。客戶所有的疑問在前面過程全部解決了。

- 為什麼客戶老是懷疑來懷疑去？因為信賴感沒有建立好；
- 為什麼客戶老是覺得產品不好？因為你沒針對客戶進行挖痛，或者挖痛不深；
- 為什麼客戶總是拿我們產品和別人產品比較？因為你在消除客戶反對意見，和競爭對手比較的時候，沒有把公司產品的獨特價值彰顯出來；
- 為什麼客戶對產品功能有一大堆的問題？因為你在講解產品的時候不夠深入
- 為什麼客戶總是很冷漠？因為你的狀態本來就不好，你沒有感染到他，沒有影響到他。

在產品講解完之後，成交之前，反對意見或多或少都會有，但是如果你的產品非常好，有時候根本沒有任何反對意見，就像蘋果手機，排隊還不一定能買得到。因為產品好，品牌響亮，本身就是一種行銷，也就不需要推銷員了。

將客戶關注點引入到產品賣點上

銷售人員可能經常會用到「但是」這個詞，很多時候，效果並不好，客戶說貴，銷售人員說，我也覺得，但是我們品質好啊！這等於是給自己耳光，因為客戶會覺得「但是」前面都是假

的，後面都是真的。比如，有人誇你：「妳長得真漂亮，但是牙齒需要矯正一下！」表面上聽感覺是誇獎，實際上會覺得很不舒服，因為後面一句才是真的想要表達的東西。

　　銷售人員怎樣說話才能讓對方感覺不到你已經把他的思想轉化過來了？這就需要含蓄、平順，在轉移話題的時候，我們不用「但是」而使用「同時」。

　　比如，「王先生，我完全理解你的感受，說心裡話，突然之間拿出這麼多錢，要是我，我也會覺得偏貴，同時你有沒有發現一件事情，王先生，你覺得賓士和桑塔納哪個貴？」「一定是賓士貴！」「為什麼賓士貴呢？因為品質不一樣啊！所以，王先生，其實我們應該仔細思考，有時候寧可多花一點錢買一個產品，使用起來放心，有些便宜的產品確實省錢了，但是用起來卻很痛苦啊！你可以花 10 萬元買個單眼相機，也可以花一萬多元買個單眼相機，你會發現一個問題，花一萬多買個相機感覺省了不少錢，但是使用相機的時候，每每一個幸福的場面，拍出來都沒有那麼好看，你會發現一次省錢，後面終生痛苦。如果我們花 10 萬元買個相機，雖然花了不少，但是每每幸福的場面都被完美地保存，每個激動人心的場面都被瞬間捕捉，一次痛苦，終生幸福啊！先生，你覺得呢？」「先生，你喜歡黑色的，還是紅色的呢？」

　　首先，認同他的感受，然後用一些緩衝的語詞很平緩地轉過去。轉移他的注意力，扭轉他的觀念，或者講一個故事，消除對

方的反對意見，然後導向成功。當你把這些事情做好後，回到第五步，接著迅速成交。

當一個客戶有反對意見的時候，他的反對意見絕對不可能成為購買產品的關鍵點，因為他對這個地方有懷疑了，你怎麼消除，也只是證明你沒有讓他失望，你只需要讓他不再糾纏這個問題，然後迅速導向成功。

這就像談戀愛，一個女孩子老是嫌你窮，你要轉移對方的注意力，不要老在窮的問題上打轉，糾纏的時間越長，思考問題越多，失敗可能性越增加。所以你需要主動出擊，消除反對意見之後迅速走入婚姻殿堂才是關鍵。

銷售人員要學會轉變客戶觀念。如客戶說房子走道太窄，那你怎麼說？你可以說：「先生，這個房子最大的優點就是走道窄！」客戶說：「走道窄怎麼是優點？」銷售人員說：「先生，你想，大樓都有公用面積，走道要是很寬大，那就意味著公用面積很大，先生，你每天會在走道散步嗎？」客戶：「我神經啊，整天在走道散步！」銷售人員：「這就是了，我們每天在家裡，或是在下面公園散步，所以走道窄關係不大！關鍵是房子大，利用率高，這才是我們想要的！是嗎？」

客戶說大樓電梯少，你可以說：「這個大樓最大賣點就是電梯少！」客戶說：「為什麼？」你說：「先生，每天只有上下班時間大家會集中使用電梯，大部分時間是家庭生活，電梯夠用就好，電梯越多，管理費用越高，公用電費也越多，不划算啊！」

　　第二個就是轉換角度看問題，往往也能很容易改變對方的觀念。

　　客戶說你公司太小，那麼你可以這樣說：「先生，大公司往往都很跩，小公司最大的優點是服務很到位啊！因為我們是小公司，面對激烈的競爭，必須用一流的服務態度來對待客戶，因為像您這樣的客戶，在我們公司就是大客戶，我們一定會全力以赴為您服務的，比大公司的服務態度更好！」

　　客戶說：「別的公司都是先出貨後收款！」你可以說：「先生，我正要和你討論這個部分，根本不需要定金，打個電話就出貨，你說他們的業務好還是不好，產品是庫存多還是沒有庫存，我們公司，不要說付定金，就算已經付款了，還要過幾天才能出貨，為什麼？因為我們產品供不應求。先生，你想，那些一打電話就送貨，甚至不打電話都把貨送來了，還可以賒帳的，你說他的產品賣得好嗎？」

　　凡事有利必有弊，凡是有多必有一缺，這就需要銷售人員換個角度看問題了。

　　客戶說：「我買過保險了！」銷售人員：「正是因為你買過保險，所以我才來找你，說明你對保險還是很看重的！」客戶說：「我沒有買過保險！」銷售人員：「正是因為你沒有買過保險我才來找你！因為你沒有買過保險才有我存在的價值啊！我的價值就是幫助那些還沒有意識到自己安全問題的人，讓他從現在開始懂得珍惜自己。」

客戶說：「我從來不吃保健品！」銷售人員：「先生，正是因為你從來不吃保健品，所以我才來找你的，一個人最大的危機就是自己處在危險之中，卻還不知道保護自己。」

第三種消除反對意見的方法就是猛按關鍵按鈕。所謂關鍵按鈕，就是客戶最關注、最想得到的那個點。

如果客戶關注的點是便宜，客戶說：「這個房型不好！」銷售人負說：「如果房型能達到您的理想，那您說這個房子能夠那麼優惠嗎？」客戶說：「這個樓層有點矮！」銷售人員說：「如果樓層高，您覺得能那麼優惠嗎？」客戶說：「這裡管理不好！」銷售人員說：「先生，管理好就不是這個價格了！」客戶真的認為很實惠，而且他也沒有更多的錢，能買到這樣的房子就不錯了，在這種情況下，我們只要猛按關鍵按鈕：便宜便宜，就能很快地實現銷售。

第四種解決反對意見的方法就是障眼法或者叫做間諜法。透過一定的方式搞清楚客戶真正想要的是什麼，消除他的反對意見，有的時候真正能達到事半功倍的效果。

比如，我們帶著客戶去看屋，看完房子之後，客戶就走了，門口有一個穿便服的年輕人，他尾隨其後，在離客戶不遠的地方若無其事地玩手機，客戶看屋離開之後，一般都會聊聊看屋後的感受，年輕人在旁邊聽得清清楚楚，回來以後告訴經理：「剛才那個客戶說價格是有點貴，不過地段很好，特別是社區公園修整得很漂亮。明天再過來議價，如果不能降價，買了算了！」當然，明天經理也不降價了，並且一個勁地說房子周邊的環境多麼好！

　　雖然這樣做有點不光彩，但是這可以幫助銷售人員掌握客戶的精準資訊，知己知彼，百戰百勝。

　　整體而言，消除對方的反對意見必須做到以下三項：第一，讓對方感覺到被尊重；第二，能夠增強客戶的購買慾望；第三，順理成章地進入到成交的環節。

學會講故事，讓客戶說服自己

　　消除反對意見，不管是轉變觀念，轉移注意力，還是猛按關鍵按鈕，其實這些都只是策略，真正解除反對意見的第一個方法就是說故事。客戶說貴，我們可以講一個別人不嫌貴的故事；客戶說貴，我們還可以講一個別人用了產品省了很多錢的故事。

　　第二個方法是銷售人員要學會打比方。打比方就是在講不清楚的情況下，對於客戶很難理解的東西，我們盡量採取譬喻的方法。

　　比如，銀行的理專賣基金產品給客戶，客戶發火了，說：「你看大盤都跌的那麼厲害，怎麼買！」理專說：「大盤不跌我就不找你了！」客戶說：「為什麼？」理專說：「你想想看，一年有四季，春夏秋冬，大海有波峰波谷，現在正好是波谷，下一步就是波峰，此時不買更待何時！」

　　所以當你善於打比方的時候，就能講解得很好。

　　第三個方法就是推理法。就是你能講出一個道理，讓別人一聽就覺得確實如此。

　　比如，我有個朋友是賣高級鞋款的，我問他：「要是別人要買便宜的鞋子，那你怎麼辦？」他說：「第一，不要指望所有的人進門都能買你的鞋子，這世界上一定有 25% 的人是反對你的，一定有 25% 是支持你的，一定有 50% 是中間派，不要指望把反對你的人全部拉過來，能夠穩住那些支持你的 25% 的人，盡量拉攏 50% 的中間派，這樣就不錯了。首先要有這樣一個平和的心態，否則，推銷就會患得患失。」

　　我說：「那你怎麼和他們說呢？」他說：「很簡單，比如說，美女，妳想買雙價格低一點的鞋子是嗎？說白了，價格低就是買一個實惠，對吧？」她不回答，心裡其實是認同的。「其實什麼鞋子最實惠呢？妳要是花 4,500 元買我們的鞋子，至少穿個兩三年，而且我們是名牌鞋，這樣算下來，一年才 1,500 塊，每年穿的都是名牌。如果買雙幾百塊錢的鞋子，穿不了半年就破了，所以，這樣算下來，這個鞋子才叫實惠啊！」

　　第四個方法就是反問法。也是一種封閉式的問話，前面已經闡述過，這裡不再贅述。

套出真實理由，解決客戶拖延問題

　　所有的反對意見歸納起來主要有六大類，第一類就是拖延類，客戶喜歡拖延，常說我要考慮考慮，我暫時不想買，你把資料先放著，等我需要的時候再打電話給你。這個東西不錯，不過

我暫時不考慮，或者說等我老公來了再說……

　　你會發現，上面雖然形式各有不同，但是本質的問題就是一個字，那就是「拖」。客戶為什麼會拖延呢？首先我們要弄清楚，客戶是真拖延還是假拖延，是真的拒絕，不能做決策，還是在為拖延尋找一個藉口。所以根本就是我們要套出他拖延的理由是什麼，要找出那個真正拒絕我們的理由，叫套出真相。

　　我們可以先認同客戶的感受，然後不斷地去引導他，透過轉移注意力或者扭轉概念，或者換個角度看問題，最後講故事，用封閉式問話或者打比方的方式，把對方的觀念轉過來。

　　比如，客戶說要考慮考慮，我們可以這樣說：「先生，考慮清楚也是必要的，當然了，您要考慮考慮，那說明您還是在意這件事的。先生，我想問問您，您還有哪方面的顧慮呢？我在這行做了好多年了，應該還是有一定研究的，如果您真的相信小弟我，那我們就推心置腹地聊聊，您到底在考慮什麼呢？」

　　這個時候，你要停止一段時間，然後看著他，如果他沒有回答，很可能是假的，這時候，你就直接幫他回答：「先生，其實如果你能說出你的困惑，以我的經驗，我可以直接給你一個答覆，那不是更好嗎？」「先生，買不買並不重要，重要的是針對這個事情，能迅速做個決策，對於你我都是很值得的，你說呢？」「先生，有沒有可能是錢的問題？」如果他說是。那你可以說：「除了錢的問題，還有沒有其他的問題呢？」這樣逐步鎖定異議，當對方說是錢的問題，那就解決錢的問題。

當你去拜訪客戶的時候，客戶說先把資料放在這裡，我再給你答覆。銷售人員可以說：「沒想到我今天的拜訪沒有給你帶來實質性的幫助，先生，那不好意思！」然後把東西收拾收拾，準備走了，走的同時向他道歉，走到門口的時候，一腳已經踏出門外，你再回頭補充一句話：「先生，我有一件事情，不知道方不方便問一下？」客戶一定會說：「沒關係，請問！」這個時候，客戶的防範心理降低了很多。

「先生，不好意思，我是初次做銷售，經驗可能有點不足，但是我自己又想在銷售方面做點事情，您能不能幫助我這個銷售新人，告訴我今天哪裡沒有做好嗎？或者是我哪些地方表現得不太好，您給我一些意見，讓我以後少犯錯誤。」你在臨走之前問這樣一句話，一般而言，對方都會給予幫助，客戶心理也不再防範了，還會順便說一句：「其實也沒有，你的表現也蠻真誠的，不過說心裡話，我感覺產品的品質確實值得懷疑！」當客戶這樣說的時候，就把他內心的想法說出來了。然後，你就可以針對這個異議，進一步解除他的顧慮。

塑造產品價值，讓客戶不覺得貴

第二類就是價錢的問題。幾乎所有的反對意見都會涉及價錢的問題，如果一個銷售人員不能消除關於價錢的反對意見，他幾乎是很難做銷售的，說到產品太貴這一點，幾乎99％的人的反

對意見是假的，針對這種現象，我們有一個方法，就是證明價值法。

所謂證明價值法，就是要證明產品是物超所值。什麼是價值？價值就是產品或服務能為別人帶來的利益、好處。當一個人感覺到價值大於價格的時候，他往往會做出購買的決策，當一個人認為價值小於價格的時候，他就會放棄購買。

價格就是這個客戶要為產品付出的代價。價值是為客戶帶來的好處、利益。所以我們最重要的就是要計算出，或者讓客戶看到、聽到、感覺到產品帶給他的價值遠遠大於他要付出的價格。

比如，你是賣車的，對方說車太貴了，你接著說：「先生，我們這款車和其他同等級的車相比，您覺得貴了多少呢？」客戶說：「大概貴了 15 萬吧！」你接著說：「先生，我們這款車，跑到 10,000 公里才需要保養一次，而其他同等級的車子，大概跑 5,000 公里，就需要保養了！先生，你每次保養車子，都要花上不少錢，我們的車款保養次數大約少一半，其實加上保養的費用來看，我們的車子反而更物超所值啊！」

有個諮詢顧問為企業寫了一套非常經典的銷售話術，他定價 50 萬元，很多老闆嫌這太貴了。這個時候，這個諮詢顧問對一個客戶說：「我報價 50 萬元，你嫌貴，報價 100 萬元，你也嫌貴，你仔細算一下會發現：我寫的這套銷售話術，你有 2,000 個銷售人員可以使用吧？我報價 50 萬元，50 萬除以 2,000 是多少？平均每個人是 250 元，也就是每個人才交 250 元就得到了我的標準

話術。銷售人員學了我的話術，一個星期可能多成交一個客戶，一個客戶多賺 3,000 元，2,000 個銷售人員一個星期就多賺 600 萬元，而我卻只要 50 萬元，卻創造一個星期多出 600 萬元的業績，保守估計，假如一個銷售人員一個月才多成交一個客戶，那麼這樣算下來，你花了 50 萬元購買了我的銷售話術，卻每個月多創造了 600 萬的業績，一年就多出 7,000 萬元的業績，你說值不值得？」

我們要讓客戶看到你的產品為他帶來的價值，這樣客戶就找到了購買的感覺，還要提升客戶購買的渴望度，讓他感覺到不花這個價格購買會有怎樣的後果，花了錢購買，會有怎樣的好處。

談到價格貴，上面我們說到要讓客戶看到價值，還有一種方法就是讓客戶看到品質，讓客戶感覺到好東西不便宜，便宜沒好貨，正所謂一分錢一分貨。一家公司可以用最低成本來生產產品，讓產品的品質，功能都差，但是價格很低。另一種做法就是多投資點錢，讓產品品質更好，功能更完善，但是價格有點貴。

銷售人員可以告訴客戶：「先生，你想為了價格犧牲產品的品質呢？還是願意多花一點錢獲得更高品質的產品或服務？」

在解決「貴」這個反對意見時，我們一般將價格進行均攤，一個是把錢進行平分拆解，第二個思路就是把多出來的、客戶認為多餘的支出進行拆解。

客戶說你的產品比別人同類型產品貴了 1,000 元，那麼你可以說：「我們產品品質更好，可以比別人同類型的產品多用 2 年，

這樣，每年平均花費 1,500 元，而您購買別人產品需要花 5,000 元，最多也就用 2 年，這樣算下來，每年得花費 2,500 元，您覺得誰的產品更划算呢？」

很多人覺得貴，會用預算不足的理由來搪塞你，客戶會說我們今年沒有預算了，這個超出我們的預算了。針對這種說辭，你可以說：「先生，我完全可以理解，一家管理比較嚴格的公司，需要仔細編制預算，預算是幫助公司達成目標的重要方式，但是不論什麼方式都有彈性，你說呢？」

你可以透過這樣一個問話，來形成一種思想上的動搖。「王總，您身為公司的負責人，應該有權力為了公司的財務利益跟未來的競爭做一些彈性的利潤預算，您說是嗎？我們討論的是一個系統，它能讓您的公司立刻打敗競爭對手，並且維持競爭力，假如今天有一款產品，對公司的長期競爭性和利益有所幫助，身為企業決策者，其實您是可以讓預算有彈性的。說白了，您是希望預算控制您呢？還是您來控制預算？很顯然，我們必須控制預算，因為編列預算就是為了企業的競爭力，假如今天有一款產品，能夠帶給公司長期的利潤和競爭力，身為企業的決策者，為了企業更好的發展，為了更具有競爭優勢，您難道不覺得應該讓預算更有彈性嗎？」

「錢有時候是一種價值的交換，也是一種效能、能力與競爭力的交換，為了換取更大的競爭優勢，往往需要多投入一點錢，錢是一種資源，就看您怎麼掌控他了。如何運用金錢很重要，當

您認為這個投資能換來更大的回報,您就願意想辦法花錢購買,當您認為這個投資不值得,再便宜也不願意購買。您說是嗎?」

客戶不滿的地方恰恰是銷售機會

當客戶說:「我們已經買了產品了!」這個時候,銷售人員該怎麼說呢?銷售人員可以繼續發問:「你目前使用哪一家的產品呢?」當客戶告訴你,使用哪一家產品之後,你可以接著問他:「那你目前使用的這個產品你滿意嗎?」「使用多長時間了?」「你覺得這個產品哪裡吸引你?」客戶可能會說:「還不錯,有品牌,品質也不錯!」「那有沒有使用上的缺點?」當客戶說出缺點的時候,就是你銷售自己產品的機會了。

如果客戶說沒有不好的地方,這個時候你可以接著發問:「那在這之前你使用哪個產品呢?你覺得之前使用的產品和現在的產品有什麼差別?」當客戶回答對目前產品仍然很滿意,沒有告訴你任何瑕疵的時候,你可以嘗試這樣發問:「王先生,你當初換了一個產品,讓你得到了一個使用更好的產品的機會,那麼今天有一個更好的機會出現在你面前,你有沒有考慮過,再給自己一次機會,也給我一次機會,體驗一下更好的產品。因為沒有接觸過,所以可能對我們的產品或服務還不了解,如果你嘗試使用一下我們的產品,說不定又會發現不一樣的驚喜。王先生,您覺得呢?」

所以,銷售人員可以使用同樣的方法,來應對客戶已經購買

產品但是卻找不到對方產品缺點的情況。

　　當客戶說過一段時間再買，銷售人員要馬上盯緊：什麼時候買呢？因為這可能是一種託詞，客戶說：「我 6 月份再買！」「先生，我想問一下，你現在買和 6 月份買差別在哪裡呢？」如果客戶說不出來，說明是一種託詞，如果說出來了，有可能是真正的理由。「6 月份之後買和現在買，差別其實是很大的，先生，6 月之後買，產品已經過了活動期限了，到時候可能會調整成原價銷售，如果現在買，可以有 8 折優惠，同時還有相關禮品贈送。」

　　當客戶說：「我要問問我的太太！」銷售人員：「王先生，如果您不需要問太太，自己可以做決定，您會買嗎？」客戶如果說：「還需要考慮！」說明客戶在找藉口搪塞你，你可以繼續發問：「王先生，看來您還有顧慮，那到底是什麼原因呢？」這個時候，你就可以直接套出真相。如果客戶說會買，那說明他認可我們的產品，只是決策權不在他手裡，這個時候你可以說：「您真的要考慮太太的意見嗎？」當客戶說是的時候，你可以接著說：「先生，您看什麼時候方便，您約您的太太一起過來，我們再談談？」客戶說可以，銷售人員就接著回答：「您看是今天下午方便呢？還是明天下午？」如果客戶說不出時間，有可能是一個託詞，那麼你可以發問：「有沒有可能是價格的問題呢？又或者是對我們產品品質有懷疑呢？」銷售人員可以逐次發問，發現客戶真正的問題點。

　　當客戶提出行情不好、競爭激烈、現在公司規模還小、整體

經濟下滑等問題的時候，我們最終還是要轉變客戶的觀念。第一個，先要灌輸他是一個成功者，第二個就是說明身為成功者應該做英明的決策，第三個，告訴他做決策的時候，應該有更明智的選擇。

銷售人員可以這樣告訴客戶：「很多年前，我學到了一個觀點，我覺得這個觀點對我來說幫助很大。我發現一件事情，就像是股票市場，當別人賣的時候，有的人會偷偷地買，有些人買的時候，別人在偷偷地賣，那些成功者，都是別人賣的時候，他在偷偷地買。所以成功的人，他的思維和別人不一樣，現在行情不太好，恰恰是你買進的時候。

絕大多數的成功人士都是在別人瘋狂賣出的時候，做出了英明的決策，偷偷地買進，也正是這個動作，奠定了他成功的基礎，先生，你難道不覺得嗎？1997 年，當大家都在瘋狂賣出房地產與股票的時候，李嘉誠在悄悄地買進，所以這些成功人士都是在別人不看好的時候，大膽地做出了決策！」

瓦解對方異議，積極促成成交

在快要成交之前，就是臨門一腳之時，這是非常關鍵的時間點。如何消除臨門一腳之時客戶的反對意見，我們歸納了五個步驟。

第一步，當我們第一次聽到客戶有反對意見的時候，我們要

記住一句話：仔細聽，就是聽不見。第二步，當我們第二次聽到他的反對意見的時候，要確認客戶的疑問。第三步，當客戶第三次、第四次還是有這方面的疑問時，我們要鎖定他的疑問，解除他的疑問。第四步，當解除完客戶的疑問之後，就是邁向成交的時候。第五步就是積極成交。

仔細聽是我對別人的一種尊重，聽不見，說明對方的異議是假的，是一種習慣性的購買方式。因為在反對意見當中，47.2%的客戶是本能嫌貴，也就是無意中嫌貴，就像買一支鉛筆要15元，客戶也會覺得貴。有人會質疑，萬一客戶真覺得貴呢？真的也無所謂，如果是真的，客戶一定還會殺價，等這個時候再去消除他的反對意見。

客戶一來就說貴，第一個步驟，銷售人員可以假裝聽不見，第二個步驟可以用一些恭維的話，比如「先生，您真愛開玩笑！」「一看您就不缺錢，還嫌這個貴啊！」第三個步驟就是打斷慣性。比如你賣衣服給客戶，他說太貴了，這個時候，你去幫客戶整理一下他的衣服，客戶一下子就忘了剛才說的話了！

第四個步驟，就是事先想好一些優美的或者搞笑的話語，比如「就是因為貴，所以我才找你啊！」「你要有興趣肯定就主動找我啦！」

第五個步驟，就是用一些迂迴的方法，比如遇到一些很有威嚴的主管，你要很認真，拿著筆說：「先生，讓我把您說的先記錄下來，稍後我為您解釋一下！」「王先生，後面的部分等我講

解完之後您就理解了！」然後銷售人員把客戶的意見記錄下來，體現出對客戶的尊重。如此一來銷售人員在為客戶介紹產品的時候，往往講解完了，客戶的異議就自動消除了。

第六個步驟叫「秋後算帳」，就像剛才講解的，把問題先放到一邊，稍後再做介紹。

所以前兩次的反對意見盡量做到仔細聽，聽不見，因為有很大一部分是藉口，或者只是口頭禪，沒有必要認真。第二個就是確認疑問，區分真假。我們可以投石問路，弄清楚客戶異議的真實目的，如果是真實的反對意見，比如他確實覺得貴了，那麼你必須掃除這個障礙。客戶真的認為貴，一般能說出理由，客戶說不出理由，那就有可能是假的，只是在其他方面還有異議。

投石問路的第一個方法就是直接反問他，比，客戶說：「我暫時不考慮！」銷售人員說：「那您什麼時候會考慮呢？」這個時候，他可能說：「我現在正在換廠房，等我把新工廠弄好之後，再買你的設備！」這個時候，銷售人員可以做好紀錄，持續追蹤。

投石問路的第二個方法就是誇大事實，客戶說：「太貴了！」你說：「我的天，這還算貴啊！」當你以一種驚訝的語氣講出來的時候，可以讓客戶感覺自己不應該講這樣的話，是自己見識太淺了。

投石問路的第三個方法就是鎖定疑問，鎖定疑問的目的就是限定異議的程度與方向。比如客戶嫌貴的同時，我們發現客戶還

有其他反對意見，當銷售人員把客戶對價格的異議解除之後，客戶又對服務有異議，你解除了疑問，他又有其他異議，這個時候，你會發現自己很忙。

當客戶有好幾個反對意見累加在一起的時候，你只要解決其中最主要的反對意見，其他的可以不用理會。因為如果你沒有鎖定疑問，麻煩就大了，你消除一個反對意見，又會冒出其他反對意見，這樣得一個勁地去消除客戶的異議，會很累，還吃力不討好。

比如，你可以發問：「這個原因是我們還不能合作的唯一原因嗎？」「價格是不能合作的唯一原因嗎？」當你用這樣的話不斷確認的時候，就鎖定了客戶異議的某一個點。假如客戶回答：「我覺得品質才是關鍵！」這時，價格問題實際上並不是真的問題了。

這時候，你可以再次確認：「先生，也就是說，品質問題是我們今天不能合作的根本原因，對嗎？」這樣，你就沒有必要再去回答客戶有關價格的問題了，而是應該集中精力解除客戶對品質的疑慮。

「先生，那也就意味著如果能夠確保我們的產品真的能夠滿足貴公司需要，我們很快就能合作了，對吧？」他只要說是，那價格、服務、品牌等問題都可能不是問題了，這個時候你需要突破這個異議，那麼成交的機會就很大了。所以銷售人員要記住，千萬不要把自己變成消除反對意見的機器，否則只會吃力不

討好。

　　我以前買過一套西裝，對方開價 8.8 萬元，我最後殺到 8.2 萬元，商場售貨員說，8.2 萬是不可能的，我說你幫我去向經理申請，他說：「先生，真的真的不可能！」最後他看我似乎放棄要離開了，就說：「先生，這樣吧，你也不要堅持 8.2 萬，我也不要堅持 8.5 萬，我去幫你申請，你覺得 8.4 萬可以嗎？」我說：「8.4 萬不好聽！」他說 8.38 萬行不行？我說：「那好吧！」他接著說：「這個價格可能也很難申請到，但是如果今天經理開特例，同意了，您是拿一件，還是拿兩件？」我說：「如果他同意了，我就拿一件！」他接著問：「確定？」我說：「確定！」

　　他真的拿起電話和經理溝通，在裡面講了半天，也不知道講什麼，最後他跑出來，很驚訝地跟我說：「先生，您運氣真好，我們經理不知道怎麼了，他居然同意了！」這個時候我覺得 1.38 萬有點貴，但是想走又不好意思，因為我剛才答應別人了，於是就順理成章買下了。

　　在確認疑問之後，就需要鎖定客戶疑問，引導客戶走向成交，比如客戶說太貴了，你可以說：「先生，價格是不能合作的唯一理由嗎？」他說：「是！」那你要馬上說：「先生，我完全理解你的心情！」

　　這裡面有幾個技巧，客戶說貴，很多銷售人員會說不貴呀；客戶說不需要，銷售人員說怎麼不需要呢；客戶說已經有供貨商了，銷售人員說再多幾個也沒關係。就像拉鋸戰一樣，拉過來，

拉過去。這個時候，你失去客戶的可能性就很大了，因為你和對方辯論了，辯論的雙方沒有贏家。

　　所以銷售人員一定要注意，在消除客戶反對意見的時候，不能正面地回絕對方，一定要先認同對方的感受，但是不要認同對方的觀念。

第 **14** 章
銷售需要不失時機促成成交

當客戶的反對意見被消除了之後，剩下就是成交環節了。當然，成交環節並不一定需要安排在消除反對意見之後，時機到了，銷售人員就需要大膽地促成成交。

銷售的一切努力最後都是為了導入成交

當銷售人員解決了反對意見，客戶也認可了，但是沒有說話，不少銷售人員會傻傻地問出這樣一句話：「王先生，你還考慮什麼呢？」「王先生，你還有什麼顧慮嗎？」「王先生，你還有什麼想法嗎？」

其實這個時候，你根本沒有必要再這樣問了，你可以直接說：「王先生，您看是選一個呢，還是選兩個？」直接進入成交環節。

那麼銷售人員如何才能把成交做得更好呢？第一個，成交要勇於要求。一個不敢要求的人，把產品講得再好也沒有用。成交的關鍵在於要求，成交的關鍵在於信念，成交的關鍵在於堅持，成交的關鍵在於適時沉默。

我們和客戶來回協商，最終目的是為了訂單，銷售人員不能簽下訂單，一切都是假的。談戀愛談了 3 年、5 年，最終還是為了結婚。銷售人員也一樣，你去拜訪兩次、三次、五次，花費了大量的時間和金錢，但是最終你必須拿下這筆訂單，這是前面所有工作的核心。

銷售人員要養成一種老闆的思維，要懂得投資與回報，每次拜訪都要有明確的目標，或者每次拜訪都能向成功邁進，千萬不要繞來繞去，避開了成交的話題。

銷售人員要堅信自己的產品是最好的，你之所以要求成交，

是因為想讓客戶盡快使用到這麼好的產品，而不是為了快速拿到佣金，當你這樣想的時候，你就應該帶著愛來做銷售，這樣就不會害怕。

銷售人員之所以不敢提成交，一方面是因為情感問題，一方面是因為面子問題，還有就是不了解產品，沒有意識到產品真的能夠幫助別人。有的人靦腆，不敢要求成交；有的人習慣性地不去成交，因為受到性格所限。

我很久以前賣保險，向我一個好朋友介紹了 2 年的保險，他也沒買，最讓我生氣的是他向別人買了，我後來找他，我說你還算朋友嗎？我介紹了 2 年，你都沒買，最後跟別人買了，他說：「你介紹了 2 年的保險，但是你從來沒有要求我買啊！前段時間，有另一個朋友，雖然關係沒有你我好，但是他老是叫我買，我正好需要，就買了！」我後來才發現，自己才是真的大傻瓜，整整為別人做了 2 年的前置工作，因為我不好意思要求他，覺得他是我朋友，我想讓他自己主動提出購買，可是 2 年了，他也沒說要買。

所以，銷售人員既然相信自己的產品好，為什麼不敢提出成交呢？就像談戀愛一樣。老實人談戀愛和那些油腔滑調的人相比，誰更厲害一些？很顯然，是那些油腔滑調的人，因為他勇於要求，敢提出自己的想法。那些老實人，談了 1 年戀愛也不敢碰別人小指頭一下，2 年了也不敢牽手，時間久了，突然發現心愛的女孩都成了別人的了。

假如某一天，你和一個人同時喜歡上了一個女孩，對方是一個「地痞小流氓」，而你是一個老實人。有一天，你們三個人碰面了，你很明理也很斯文地問那女孩：「現在兩個人都在妳的面前，妳給我們兩人一個確切的答案，妳到底是喜歡我還是喜歡他呢？」當你問了這個問題之後，女孩子是矜持靦腆的，根本沒辦法說出她到底喜歡誰，可是就在這個時候，對方立刻站起來說：「妳是我的，走，不要和這個窩囊廢浪費時間！」還沒說完，拉起那個女孩子的手就走了，留下你一個人傻傻地愣在那裡。

　　你為什麼不敢上前去爭奪呢？因為你心裡根本不相信這個女孩是你的，你也沒有自信這一生一定要娶她。身為銷售人員也一樣，你如果不敢堅定自己成交的想法，客戶也很難做出購買的決策。

成交的關鍵在於自信、堅持、適時沉默

　　一個案子能不能成交，50%～60%來自銷售人員的信念。新手關注的是技巧，高手關注的是關係，再厲害的就是關注做人，頂級高手關注的是一種心境。

　　信念對於每個銷售人員來說非常重要，喬・吉拉德曾經說：「不論何時，我可以用任何方式銷售任何產品給任何人！」銷售是信心的傳遞，情緒的轉移，狀態的感染，決心的推動，能量的震撼。

　　我們看到國外有不少做直銷的公司，員工在剛加入企業時，得先購買一套自己的產品，之所以這樣做，就是為了讓新進員工使用這個產品，當你對產品有百分之一萬的信心的時候，再來賣這個產品，開始開創職業生涯。所以銷售人員的信念非常重要。

　　銷售是為了愛，客戶買的是我們的服務態度，服務精神，我們要感動客戶。銷售人員要堅定地告訴自己，我把產品賣給他，就是在幫助他，是在愛他，是在為他省錢、是為他賺錢，是為他解決問題。當銷售人員能相信這些信念的時候，就能活用很多的技巧和策略，當銷售人員不相信這些觀點的時候，就很難幫助到客戶。

　　那麼，銷售人員如何培養自信呢？我們可以進行自我催眠，不斷確認一句話：我最喜歡我的產品，我的產品是最棒的，我的產品是物超所值的，每個客戶都喜歡我，並且更喜歡我的產品，因為我的產品能幫助他解決問題，我的產品是全世界最優秀的產品，我深愛我的產品，我深愛我的客戶……

　　當銷售人員每天這樣不斷地重複，時間久了就會成為自己根深柢固的信念。

　　我們發現這個世界上有63％的人，在接觸拜訪的時候不敢提出成交。46％的人在被拒絕一次後就放棄了。24％的人被拒絕二次後放棄了，15％的人被拒絕三次後放棄了，12％的人被拒絕四次後放棄。只有4％的人可以成交60％的交易。

　　所以人生成功貴在堅持，只要肯堅持，沒有任何客戶不能成

交，喬·吉拉德說：「拜訪客戶被拒絕 17 次前，都不算拒絕！」

　　我接到行銷電話的時候，幾乎是來者不拒，因為我想測試一下這些銷售人員的水準，他們講解了很多，最後我拒絕了，我發現被拒絕兩次之後，大部分的人都不會再來找我了。

　　客戶每一次拒絕銷售人員的時候，實際上他的心態已經開始有了一點變化，這就像燒水一樣，第一次把水燒了 20°C，第二次燒到 40°C，第三次燒到 60°C 了，第四次燒到 80°C，第五次燒到 100°C，可是很大一部分人都是在第四次之前就不燒了，所以銷售人員一定要記住：堅持、堅持、再堅持。

　　成交的關鍵在於適時沉默。為什麼要沉默呢？關鍵在於讓客戶有思考的餘地。美國前保險銷售冠軍道克斯在最後退休的時候舉辦了一次演講，這次演講讓人終生難忘，不是因為他講得有多好，而是他做了一件事情，當掌聲響起歡迎道克斯上臺之後，居然過了 5 分鐘還沒有見到人，現場一片混亂，有喇叭聲，有尖叫聲，有扔易開罐的聲音，一片嘈雜，但是道克斯還是沒有上場，最後喇叭靜靜地傳出一個像幽靈一樣的聲音，說：「請安靜！」整個會場鴉雀無聲，寂靜的時間又持續了 5 分鐘，這個時候所有人都在東張西望，但是所有人都沒有發出聲音，絕大多數人只是靜靜地看著講臺，結果又冒出一個聲音：「安靜。」所有人都覺得莫名其妙，持續了兩分鐘，道克斯悄悄地上場，拋出演講的主題：「成交的關鍵在於適時沉默！」

　　當銷售人員提出成交的時候，自己會很有壓力，客戶接收到

你的成交要求後更有壓力，彷彿你手裡拿著一個燙手山芋，你覺得很燙很燙，「啪」地一下，就拋給了客戶，客戶接到了山芋很開心，但是突然發現很燙，就左手扔給右手，右手扔給左手，這個時候你一出聲，客戶就立刻扔回給你了。其實你在把燙手的山芋扔給客戶的時候，他左手扔右手，右手扔左手，慢慢地就習慣了這個燙，他接住了這個燙，也就接住了這個壓力。

所以，當銷售人員提出成交，就不要再說話了，讓客戶慢慢陷入沉思，他沉思的時間越長，就越可能接受這個要求。就像老闆要求員工將上班時間從 9 點調整為 8 點半，員工一定會持反對意見，但是你對員工說完，門一關就走了，員工雖然有抱怨，第二天還是 8 點半就來了，因為人都會在半推半就的過程中接受要求。但是如果你說 8 點半上班，還站在那裡等他們的意見，他們就會給出一堆意見，然後變成你被他們說服了，最後不得不宣布，還是 9 點上班。

當提出成交要求，客戶思考了幾分鐘，仍然不買，最後拋出一句話，說太貴了，這個時候你就要按照前面說過的方法消除他的反對意見。

在成交的環節中，沉默的一瞬間，實際上是雙方的一種較量，銷售人員在和客戶談判的時候，一定要將手機關閉或調成靜音，因為成交就在一剎那，一個念頭閃過，客戶就買了，所以關鍵時刻要靜下來，能熬半分鐘熬半分鐘，能熬兩分鐘熬兩分鐘，客戶在思考的過程中，一般內心都在掙扎，在努力說服自己。

一般來說，客戶內心掙扎過後，有兩種情況，一種是直接不買了，另一種會問：「你這個價格能不能再優惠一點？」當客戶講這句話的時候，基本上已經成交一半了，你只需要接著說：「這是最便宜的了，我已經為了您和主管爭取了最大的優惠！先生，您看是要紅色呢還是藍色？」

察言觀色，逮住最佳成交時機

快成交的時候有個關鍵信號，很多銷售人員說了半天，到最後發現，不知道什麼時候該成交，你要能敏銳地掌握這種時機，成交就在一瞬間，成交就在感性的狀態。

火候到了，一下子就成交了，火候過了之後，客戶又失去興趣了。一般來說，成交時機表現在三個方面。

第一個，客戶在你講解產品或展示產品的時候，開始詢問產品的價格，或者詢問關於買賣條件的問題，這時，客戶已經非常感興趣，銷售人員要立刻停止產品的介紹，及時推向成交。

你可以直接問他：「先生，那你想多快擁有這個產品呢？」「先生，你想買幾個呢？」「你想把產品送到家裡呢，還是送到公司？」就這樣假設成交，馬上邁向成功。

第二個成交的時機是客戶開始問你產品的某些細節，當他總是針對某一個細節詳細詢問的時候，就表示這是他購買的一個關鍵點，當他很在意某一個關鍵點，某一個細節的時候，大概就表

示他很想買了，但是他對某一個細節很關心，你可以立刻停止產品介紹，針對這個點，向他反覆進行說明，不斷講解這一點為他帶來的好處和不買帶來的壞處，試著迅速成交。

比如說，這個功能真的像你講的那麼好嗎？你告訴我這個功能到底好在哪個地方？這個功能和其他產品差別有多大？當他反覆糾結這個問題的時候，恰恰是產品最大的賣點，「這是我們產品與其他人最不同的地方，很多老客戶都是因為這點才買的」，銷售人員只要一講完，就開始推向成交，這個很關鍵。

第三個成交的時機，就是客戶開始問一些購買之後的問題，比如送不送貨？交貨日期有沒有限制？可以送到什麼地方？售後服務怎麼樣？當他提出這些問題的時候，你要立刻停止產品介紹，直接問對方：「先生，你想要多少呢？」透過你和客戶的溝通，不斷察言觀色，能夠知道他現在想買到什麼程度了，根據這些資訊與及時回應，掌握他的成交訊息，當然除了這些問題之外，還有他的一些肢體動作，往往也是成交的信號。

比如你在介紹產品的時候，他的身體慢慢往前靠，剛開始不太專心，現在眼神專注，身體越來越往前傾，同時詢問你很多的問題，這就是個很明顯的信號，這個時候，你可以慢慢結束產品的介紹，直接導入成交。

就像和女孩子談戀愛一樣，如果她的身體不斷向你靠近，如果她的姿勢不斷向你傾斜，這也是一種明顯的信號。人與人的關係也是這樣，當我們相敬如賓的時候，我們是不熟的，真正交情

好的時候，是無話不談的，關係親密的時候，可以互相打擊或嘲笑，沒事就拿對方開玩笑，甚至打鬧一下。

客戶思考的時候，他可能會拿筆算一算：我要花多少錢，買了能省多少錢，能帶來多少利潤。如果客戶做這些動作，你就不要講話了，直到對方算清楚，他問一樣，你答一樣，不需要講太多話。這種人是思考型的人，他需要想清楚，只要想清楚了，就會決定買還是不買。

當客戶說，你這個產品能不能讓我試一下，當他這麼說的時候，其實基本上已經買了。如果客戶說付款的期限可不可以再延長一點，產品可不可以再便宜點。這個時候，你只需要明確回絕他就好了，如果他仍然不買，並拿競爭對手做參照，其實只是為了盡量多占便宜。遇到困難，你越是堅定越能撐過去，你越猶豫，困難就越大。

我們和客戶之間也是一樣，你越堅定，客戶越不堅定，反之亦然。其實談判就是一種信心的較量，有時候要勇於說「No」。

成交在於引導客戶說服自己

成交的模式主要有兩種，第一種是直接要求成交；第二種就是間接要求成交。

1. 直接成交

直接成交的方式有好幾種。

第一個就是自信成交。在沒有太多反對意見，產品品質也很好的情況下，你可以更加自信一點，要求成交，「先生，到目前為止，你對我們產品和說明基本上有了了解，其實我們的產品還不錯，是吧？」客戶回答「是啊！」「如果滿意的話，您就乾脆訂一個吧！」然後直接把合約或者產品拿到他的面前。

第二個就是三句話成交法。一般來說，前面你已經把產品介紹完了，示範的工作也做得很到位了，成交的機會不太高的情況下，可以透過這種方式逐步測試，迅速引導成交。「先生，說了這麼多，其實您會慢慢發現，我們的產品可以幫助你省很多錢的，您說是吧？」客戶說「是！」「先生，為了創造更高的績效，您看是訂一個呢還是兩個？」這裡面，第一步是你先告訴客戶好處，能夠幫助客戶省錢；第二步就是進一步確定；第三步就是問什麼時候解決。就這三步，促成客戶成交。

第三個方法就是下定決心成交法。特別是有一些客戶猶豫不決，想東想西，這個時候你要幫他下決心，給他明確的回答。「先生，不管買還是不買，都是一個決定，如果只需要投資幾千元就能讓公司大大改觀，那還有什麼好猶豫的呢？」

第四個方法就是情境成交法。這個時候，銷售人員要成為一個演繹高手，把故事講好是很關鍵的。「先生，其實我們真的深深愛著我們的家人，對吧？如果我們深愛家人，怎麼忍心讓他們住不好的房子呢？我們怎麼忍心讓自己的太太、孩子處於不好的環境呢？」所以，銷售人員要善於利用情感、故事來挖痛，向對方施加壓力。

第五個方法是天平法。天平法也叫魚骨刺法，當對方猶豫不決的時候，幫他畫一條線，左邊寫上好處，右邊寫上壞處。

比如，我們可以告訴客戶，和我們公司合作，第一個好處是什麼，第二個好處是什麼，第三個好處是什麼。在講好處的時候，要爭取他的認同。然後再給客戶看壞處，例如第一個是投資了兩三萬元，幾天就可以回收，然後第二個是什麼，第三個是什麼。透過發問的方式讓客戶回答，他自己有可能都講不出來還有什麼不好的。到最後一對比，發現天平明顯傾斜到好處這邊，買和不買就一目了然了。

「先生，捨不捨得投資其實很簡單，如果您做了這個決策，今天在我們平臺做了投資，我們將為您帶來每月 2% 的收益，這意味著 100 萬元放在這，每個月都有 2 萬元的現金收益，況且，我們風險控管做得非常好，我們和銀行合作，由銀行託管，實際上您的資金仍然在銀行，我們只是代為打理。退一萬步講，假如您今天做的決策是錯誤的，各種風險都發生了，也不會有太大的損失，您的 100 萬元資金仍然在銀行帳戶，最多損失一點利息，您還有什麼不放心的呢？您看，合約我都準備好了，您在這裡簽字就好了！」

2. 間接成交

間接模式的最終目的是為了轉移注意力，把客戶買還是不買轉移到買一個還是兩個的話題上來。轉移到購買產品之後，他要處理什麼問題？銷售人員千萬要注意，客戶在這個時間停留得太

久，往往越不會購買，因為不買他就會如釋重負，人都有逃避的心理，所以你要盡量以最快的速度迅速帶過去。

間接模式的第一種方式是後續事項成交法。前置作業都做完了，然後進行到該成交的時機了，你就可以順便測試一下：「王先生，到時，我們為你安裝這臺機器的時候，是否需要為你示範一下啊？」他無論說要還是不要，事實上都接受了這個產品了，這個時候可以說：「你看要不要開發票？」

很多銷售人員會犯這樣的錯誤，會說：「您看是現在訂呢，還是過一個禮拜再說？」「先生，您想好了嗎？」「先生，您決定了嗎？」「您要不要先考慮一下，我明天再過來！」這種問話方式，很容易讓成交失敗。

間接模式的第二種方式是小狗成交法，就是讓對方先試用產品，讓使用者和產品形成一種紐帶，形成一種連結，藉以促進他的成交。一旦和產品有了感情之後對方就比較容易買單了。

一個家長帶著小孩出去玩，突然之間看到一隻小狗從寵物店跑出來了，小孩子抱著小狗很開心，寵物店的老闆看見孩子抱著小狗，就對家長說：「既然孩子那麼喜歡，這樣吧，我們店裡有一項服務：你們可以先把狗狗抱回家，免費養兩天，但是需要把家裡地址和連繫方式登記一下，然後放 500 元押金，到時候，如果您不想養狗狗，押金可以全額退給您。您也沒有任何損失！」

很快，對方同意了，就把小狗帶回家了，兩天過去了，寵物店的老闆來到客戶家說：「先生，時間到了，狗狗我們得抱回去

了！」可是你想想看，小孩子剛剛和狗建立感情，現在要被抱走，小孩子捨不得，於是哭著鬧著，這時候老闆說：「先生，我看這孩子很可愛，狗他也很喜歡，您就再補一點錢，把狗留下來算了！」本來家長還想拒絕的，看著小孩在那哭鬧的樣子，也沒有辦法拒絕了。

間接模式的第三種方法就是 YES 成交法。透過連環的封閉式問話，讓對方不斷確認，逐步走向成交。

「人的一生，都想追求成功，也想追求幸福，但是成功也好，幸福也好，都是在健康的前提下，你說是不是？」客戶說：「是啊！」銷售人員：「健康的身體一方面靠保養，靠飲食；另一方面，鍛鍊也很重要，你說是不是？」「是！」「鍛鍊身體很容易變成 3 分鐘熱度，所以關鍵是養成鍛鍊的習慣，如何養成習慣呢？其實就是使用起來方便，就比較容易養成習慣，你說是嗎？」「是啊！」「先生，現在人都很忙，每天跑到公園鍛鍊身體，其實也很麻煩，如果家裡有一個簡單的健身器材，休息時間快速地鍛鍊一下，生活會變得更充實，先生，你說呢？」「是的！」「先生，我們這個健身器材是目前市面上最暢銷的，你想要哪一種尺寸的呢？」

間接模式的第四種方法就是感動成交法。銷售人員在拜訪客戶好多次之後，為了盡快促成成交，也可以採用感動成交法推動客戶購買。

比如銷售人員看天氣預報，明天會下雨，這個時候，可以故

意打電話給客戶說：「王總，明天有沒有時間啊？我去找你坐一坐！」正好隔天狂風暴雨，銷售人員故意不撐傘，把自己淋得像落湯雞一樣，並且提前到了客戶那，進了辦公室，看起來很狼狽，還不斷打噴嚏，客戶說：「你怎麼這麼早就到了，還淋得跟落湯雞一樣啊！」銷售人員：「我們約兩點，怎麼能遲到呢？再說做業務的，淋一點雨算什麼？」然後擦擦身上的雨水，客戶遞上紙巾，你一邊擦臉一邊弄弄頭髮，不停地打噴嚏，這時候客戶說：「哎呀，你們真辛苦啊！」「王總，為了能和你合作，為了能幫助你的公司，我是全力以赴啊……」透過一連串動作感動客戶，最後客戶看到銷售人員的誠意，就把合約簽了。

所以，無論是直接成交還是間接成交，我們都是在透過相應的話術引導客戶，讓客戶內心不斷釋放想要購買的信號，逐步戰勝不想購買的想法，最終達成實質購買的決定。

電子書購買　　　爽讀 APP

國家圖書館出版品預行編目資料

挖痛奪單，成交不是沒有辦法！FABE 模式
×SPIN 提問法 × 好蘋果策略，「銷售」不是隨
便誰都可以做，所以你也不該用一般的思維來銷
售！/ 臧其超 著 . -- 第一版 . -- 臺北市：崧燁文
化事業有限公司 , 2024.01
面；　公分
POD 版
ISBN 978-626-357-914-9(平裝)
1.CST: 銷售 2.CST: 銷售員 3.CST: 職場成功法
496.5　　　112021869

挖痛奪單，成交不是沒有辦法！FABE 模式 ×SPIN 提問法 × 好蘋果策略，「銷售」不是隨便誰都可以做，所以你也不該用一般的思維來銷售！

臉書

作　　　者：臧其超
發 行 人：黃振庭
出 版 者：崧燁文化事業有限公司
發 行 者：崧燁文化事業有限公司
E - m a i l：sonbookservice@gmail.com
粉 絲 頁：https://www.facebook.com/sonbookss/
網　　　址：https://sonbook.net/
地　　　址：台北市中正區重慶南路一段六十一號八樓 815 室
Rm. 815, 8F., No.61, Sec. 1, Chongqing S. Rd., Zhongzheng Dist., Taipei City 100,
Taiwan
電　　　話：(02) 2370-3310　　　傳　　　真：(02) 2388-1990
印　　　刷：京峯數位服務有限公司
律師顧問：廣華律師事務所 張珮琦律師

定　　　價：299 元
發行日期：2024 年 01 月第一版
◎本書以 POD 印製